MARC ST-GERMAIN

LE PROJET MAGNET

UNE ÉTUDE SECRÈTE DU GOUVERNEMENT CANADIEN SUR LES OVNIS

COPYRIGHT © 2023 - Marc St-Germain

Éditions Les Mystères d'Éleusis

Éditions Les Mystères d'Éleusis
La Minerve, Québec, J0T 1S0
mysteresdeleusis@hotmail.com

ISBN 978-2-9810749-3-5
Dépôt légal – Bibliothèque et Archives nationales du Québec, 2023
Dépôt légal – Bibliothèque et Archives Canada, 2023
Éditeur : Les Mystères D'Éleusis
Révision :Diane Rochon, Chloé Sturm-Thibault
Infographie de la page couverture : Janny Charrueau

TABLE DES MATIÈRES

Table des matières

REMERCIEMENTS

Si cela n'avait été du travail méticuleux des archivistes d'Archives et collections spéciales de la bibliothèque de l'Université d'Ottawa qui ont entreposé, classé et catalogué les documents du fonds Arthur Bray de façon à en faciliter l'accès aux chercheurs tels que moi, il est possible que ce livre n'aurait jamais vu le jour, en tout cas pas dans sa forme actuelle. Un merci spécial à Lyne Rochon et Lucie Desjardins pour leur implication dans l'inventaire du fonds Arthur Bray. Vous avez fait un excellent travail !

Liste des figures

AVANT-PROPOS

Lorsque j'entrepris d'écrire ce livre en 2011, j'étais loin de me douter à l'époque que cela prendrait douze ans avant de le terminer… Même si mon livre précédent, *L'Ère du Chaos*, m'avait pris dix ans à compléter, je me disais qu'un ouvrage sur les ovnis serait beaucoup moins complexe à écrire qu'une étude comparative des mythes. Eh bien, je m'étais trompé! J'avais pris la décision d'écrire un livre sur le projet *Magnet* après avoir donné des conférences sur le sujet aux membres de l'Association québécoise d'ufologie (une association ufologique de Montréal). C'est au cours de l'une de ces conférences que j'avais annoncé à l'auditoire que je publierais prochainement un livre sur ce projet d'étude canadien dirigé par Wilbert Smith. Selon mon estimation, ce livre devait être terminé à l'automne 2011! Trois ans plus tard, je publiais un livre sur les ovnis, mais il ne s'agissait pas du projet *Magnet,* il s'agissait plutôt du livre *Les Gardiens du Silence*. Pourquoi ce changement? Disons que lorsqu'un auteur écrit sur un sujet aussi complexe que celui des ovnis, tout auteur qui se respecte doit prendre en considération une somme de facteurs avant de publier son ouvrage. Il était important pour moi que les lecteurs comprennent bien le contexte de l'époque durant laquelle le projet *Magnet* fut établi. Je devais donc nécessairement dépeindre chacun des événements de l'époque durant laquelle Wilbert Smith entreprit d'étudier les ovnis dans le cadre d'un projet d'étude officiel du gouvernement canadien.

Au cours de mes recherches qui ont mené à l'écriture de ce livre, j'ai découvert rapidement que l'ufologie est un domaine des plus complexes et qu'il est nécessaire d'en approfondir chacun de ses aspects, lesquels touchent à peu près à tous les domaines de la science, avant d'avoir une perspective suffisamment éclairée pour partager ses idées sur la question. À ce propos, n'en déplaise aux détracteurs, l'ufologie est bel et bien une science dans tous les sens

"

du terme. Qui plus est, elle est une science multidisciplinaire en ce qu'elle requiert des notions dans presque tous les champs de la science pour être totalement comprise, et ce, autant des sciences pures que des sciences humaines. L'ufologie n'est donc pas que l'étude des objets volants non identifiés, elle est également l'étude de toute l'histoire se rapportant à ce type d'observations. Elle est l'étude du mode de fonctionnement théorique de ces objets dans la perspective où il s'agirait de vaisseaux spatiaux interplanétaires pilotés par des espèces intelligentes; cette possibilité nous amenant à revoir les bases mêmes des principes de la physique sur lesquelles l'aérospatiale s'est construite jusqu'à présent.

D'un point de vue anthropologique, l'ufologie est aussi l'étude du rapport de l'être humain avec des civilisations extraterrestres, et ce, pour le meilleur et pour le pire. Et en restant dans le domaine de l'anthropologie, l'ufologie peut nous entraîner au cœur des origines de l'espèce humaine si on considère les informations tirées de mythes anciens qui racontent entre autres choses que notre civilisation aurait été implantée sur cette planète par des « dieux » venant d'ailleurs il y a plusieurs millénaires. À tout ceci s'ajoute l'implication des services de renseignements américains dont les ressources et l'expérience ont fait d'eux de véritables maîtres du contrôle globale de l'information en ce qui a trait aux ovnis, à la présence extraterrestre ainsi qu'aux différents programmes spatiaux militaires classifiés (pour ne pas dire clandestins). L'idée d'écrire un livre sur un sujet aussi pointu que le projet *Magnet* avait pour utilité de démontrer à l'aide de documents d'archives que les gouvernements en savaient beaucoup plus qu'ils ne le disaient (du moins les gouvernements de l'époque) sur le phénomène ovni et que d'innombrables ressources ont été attribuées pour découvrir la nature du phénomène et mettre sur pied des programmes de recherche clandestins à applications militaires. Avec un peu de recherche dans les archives documentaires, il m'est apparu évident que les Américains étaient très intéressés par le phénomène ovni durant la période spécifique des années 1950, et on pourrait même dire qu'ils étaient impliqués sur plusieurs niveaux.

Il était donc nécessaire pour moi de dresser un tableau complet de l'implication des instances américaines parce que celle-ci a un impact majeur sur la compréhension générale de la situation en lien avec les ovnis. Au départ, j'avais donc décidé que la première partie du livre *Le projet Magnet* serait consacrée exclusivement aux événements qui s'étaient produits aux États-Unis avant et pendant l'établissement du projet canadien. Mais ce qui ne devait être qu'une partie devint un livre entier avec un titre bien différent. Le livre *Les Gardiens du Silence* fut donc publié au printemps 2014 et mon ouvrage sur le projet *Magnet* dut attendre encore un peu… Tout comme j'avais sous-estimé la somme de travail pour écrire un livre sur le projet *Magnet*, j'avais sous-estimé la quantité d'événements ufologiques qui avaient eu lieu aux États-Unis et qui avaient mené au développement d'une structure du renseignement à l'échelle internationale ainsi qu'à la mise sur pied de programmes spatiaux clandestins. Il était important selon moi de faire la démonstration, preuves à l'appui, de l'implication du gouvernement américain dans la censure sur les ovnis et la présence extraterrestre. L'exercice fut d'autant plus intéressant, car il existait quelques documents classifiés qui décrivaient les événements tels qu'ils s'étaient produits durant cette période trouble de l'après-guerre. Si l'accès à ces documents était relativement facile en soi, arriver à en décortiquer l'information qu'ils contenaient pour ensuite en faire un livre cohérent et compréhensible était un défi de taille. Mais ce défi était loin d'être le seul, car révéler des secrets d'état n'est jamais chose facile et c'est pour cette raison que la majorité des ufologues américains ayant tenté d'utiliser ces documents pour faire sortir la vérité ont été la cible d'une véritable campagne de dénigrement, contre eux-mêmes, ainsi que des documents qu'ils présentaient comme preuves. Il est question ici bien évidemment de l'*Opération Majestic-12* et des documents du comité *Majestic-12* classifiés *MAJIC* pour la plupart,

MAJIC étant l'acronyme de *Majority Agency for Joint Intelligence Committee*, en d'autres termes l'Agence Prioritaire pour le Comité Conjoint du Renseignement.

La problématique que j'avais à résoudre venait du fait que les détracteurs avaient réussi à semer le doute au sein de la communauté ufologique à propos de l'authenticité des documents classifiés *MAJIC*, mais également sur l'existence même du comité *Majestic-12*. J'ai donc inséré ces documents à l'intérieur de « l'histoire » tel qu'elle s'est véritablement produite à l'époque à l'intérieur du livre *Les Gardiens du Silence*. Bien entendu, ces documents ne venaient que confirmer les nombreux témoignages d'individus impliqués de près ou de loin dans les événements dont il est question. Moi-même lorsque j'ai commencé mes recherches dans le domaine, je croyais que lesdits documents du *Majestic-12* étaient tous des faux, car c'était ce qu'on en disait dans le milieu ufologique. Jusqu'au jour où je tombai sur l'un d'eux par hasard et que je le lise en entier...

À mon étonnement, l'information que contenait ce document venait confirmer de nombreuses théories sur lesquelles je travaillais. Et c'est à cet instant précis que j'eus l'intuition que ces documents étaient probablement tous authentiques. J'ai donc décidé d'approfondir la recherche et de lire non seulement tous les documents classifiés *MAJIC*, mais également ce que plusieurs ufologues avaient à dire à leur sujet. Mon intuition se transforma rapidement en certitude lorsque je vis la méthode employée par le docteur Robert Wood pour authentifier ces documents. Il s'agissait d'une véritable méthodologie scientifique regardant chacun des aspects des documents en question. Que ce soit la typographie, l'encre ou le type de papier en passant par le contenu, les grades, les événements, etc. Bref, tout dans ces documents était scruté à la loupe d'une façon scientifique et objective. Au final, les conclusions du docteur Wood quant à l'authenticité de ces documents rejoignaient les miennes.

Avant-propos

Le physicien nucléaire Stanton Friedman s'est également débattu durant des décennies (il y a consacré toute sa vie) pour dire aux gens que certains de ces documents étaient authentiques et que les services de renseignements américains faisaient des pieds et des mains pour détourner l'attention à leur sujet. Bien sûr qu'ils le faisaient, ces documents les incriminent directement ainsi que plusieurs instances du gouvernement américain dans une affaire que certains qualifient de *Watergate cosmique*. Arriver à déterminer l'authenticité des documents de l'*Opération Majestic-12* fut donc un exercice demandant beaucoup de temps et d'énergie. Cela fait plus de trente-cinq ans depuis l'arrivée des premiers documents *Majestic-12* en décembre 1984 et il n'y a toujours pas de consensus au sein de la communauté ufologique américaine quant à leur importance historique. Il faut dire que la communauté du renseignement, grâce à une habile campagne de désinformation, a investi beaucoup de ressources pour faire en sorte que personne ne prenne ces documents au sérieux ni les individus qui en faisaient la promotion. Toutefois, lorsque l'on se donne la peine d'étudier ces documents selon de véritables standards scientifiques, leur authenticité ne fait aucun doute. Pour ce qui est des documents du projet *Magnet*, la problématique était différente. On ne pouvait remettre en question l'existence même du projet comme on l'a fait pour *Majestic-12*, car les Archives canadiennes avaient en leur possession certains de ces documents. Donc, au lieu de discréditer l'authenticité des documents, on a simplement banalisé les conclusions du projet en prétextant qu'il ne s'agissait pas de la vision du gouvernement canadien sur la question des ovnis, mais plutôt celle d'un seul homme, Wilbert Smith.

Or, Wilbert Smith a bel et bien créé le projet *Magnet* sous les auspices du gouvernement canadien avec l'accord des plus hautes instances. C'est ce qu'on peut voir dans nombre de documents relatifs à la mise sur pied du projet dont voici un extrait :

Incidemment, notre programme est maintenant officiel au sein du ministère des Transports, et il est connu comme étant le projet *Magnet*. Il est classifié secret jusqu'à ce que nous en sachions un peu plus. Le docteur Solandt a demandé que nous respections totalement la classification des États-Unis en la matière.[1]

Ceci signifie qu'il s'agissait bien d'un projet d'étude secret du gouvernement canadien sur les ovnis, lequel avait également l'aval du gouvernement américain.

De plus, certains détracteurs tels que Phil Klass se sont attaqués directement à l'intégrité de Smith pour discréditer ses travaux en le traitant tout simplement de fou durant un débat télévisé à Boston. L'autre invité du débat n'était nul autre que l'ufologue Stanton Friedman, lequel avait présenté le mémo *top secret* de Smith comme preuve irréfutable de l'existence d'un groupe militaro-scientifique dirigé par le docteur Vannevar Bush qui étudiait les ovnis clandestinement.[2] Phil Klass a donc employé la méthode : *Si vous ne pouvez attaquer les données, attaquez la personne*, en tentant de discréditer Wilbert Smith, un ingénieur canadien ayant gagné le respect de ses pairs grâce à son professionnalisme exemplaire en matière de recherche scientifique. Quant à l'*Opération Majestic-12*, il s'agissait d'un programme mis en place en septembre 1947 par le comité supervisé par Vannevar Bush qui visait à profiter des avantages technologiques provenant de vaisseaux extraterrestres récupérés pour militariser l'espace, entre autres choses. Mes recherches pour écrire *Les Gardiens du Silence* m'ont donc amené en premier lieu au cœur des événements de Roswell, le fameux *crash* d'ovni s'étant produit au Nouveau-Mexique en juillet 1947. C'est en étudiant ces événements particuliers que j'ai découvert l'existence de nombreux documents classifiés dont le contenu explique de façon claire et limpide les différentes étapes de récupérations de vaisseaux extraterrestres par les autorités militaires américaines ainsi que l'établissement d'une structure qui veillerait à garder secrètes toutes les informations se rapportant aux ovnis, ou à une quelconque présence extraterrestre.

Ce n'est qu'après coup que j'ai compris que toute cette campagne de dénigrement était l'œuvre des services de renseignements américains, qui de toute évidence, étaient à l'origine du contrôle de l'information sur les ovnis. Tout ce cirque visant à empêcher la sortie d'informations sensibles liées aux ovnis ne visait qu'à retarder l'échéance de la grande divulgation tant attendue, car révéler la seule existence des ovnis au grand public de la part des gouvernements revient à ouvrir la boîte de Pandore. Dès que celle-ci sera ouverte, toute la vérité éclatera au grand jour et il sera impossible de faire marche arrière; un bouleversement majeur des structures de contrôle en place s'en suivra inexorablement. Et ce sont justement ces bouleversements que craignent les dirigeants occultes impliqués dans cette censure mondiale. La motivation de ces éminences grises à empêcher la vérité de sortir vient en partie de la peur de l'effondrement des structures économiques et politiques qu'ils ont mis en place et maintenues pendant des décennies ainsi que du pouvoir qu'ils ont su en obtenir. Mais le pouvoir et l'argent ne sont que la pointe de l'iceberg de cette conspiration planétaire. Plusieurs grands secrets en lien avec les ovnis concernent l'accès à de nouvelles technologies qui rendraient désuètes les notions acquises de la science actuelle sur les voyages interplanétaires, et plus près de nous, sur la propulsion électromagnétique d'aéronefs autour de notre planète.

Il s'agit de cet aspect particulier qu'est le mode de fonctionnement des ovnis que Wilbert Smith a voulu découvrir lorsqu'il a mis sur pied le projet *Magnet* en décembre 1950. Son but était ni plus ni moins d'apprendre quels étaient les principes physiques sur lesquels s'appuyait la technologie des « soucoupes volantes ». Et si un ingénieur des télécommunications avait réussi à convaincre le gouvernement canadien d'en faire un projet d'étude, c'est qu'il devait y avoir suffisamment de données tangibles à étudier. Afin d'augmenter mes chances de découvrir le plus d'information possible sur le sujet, je me suis rendu aux Archives nationales canadiennes à Ottawa où j'ai passé de nombreuses heures à chercher des documents datés des années 1950 et 1960 se rapportant aux ovnis ainsi qu'au projet *Magnet*. À ma grande surprise, en dépit du fait qu'une section complète sur les ovnis existât, on n'y retrouvait pratiquement aucun document se rapportant au projet *Magnet*.

C'est en approfondissant mes recherches que j'appris par l'entremise d'un archiviste que l'ensemble de la documentation qui avait été accumulée par Wilbert Smith, tout au long de son projet d'étude et par la suite, était entreposé dans un fonds d'archives spécial à l'Université d'Ottawa. Les archives documentaires étant la base des informations à partir desquelles je travaille, il était important d'avoir accès à ces archives pour bien comprendre l'ensemble du projet et les raisons ayant mené à sa fermeture en août 1954 après seulement quatre ans d'existence. J'ai donc passé des journées entières à la bibliothèque de l'Université d'Ottawa pour passer en revue toute la documentation issue du projet *Magnet* qui avait été classée par les archivistes. Loin d'être une besogne, fouiller dans ces innombrables pages de documents était plutôt comme une partie de plaisir. J'étais vraiment heureux de pouvoir accéder aux travaux et à la correspondance de Smith, parmi lesquels je trouvais nombre de documents inédits qui venaient confirmer plusieurs de mes hypothèses tant sur les ovnis que sur le projet *Magnet* lui-même. Parmi ces intéressantes découvertes figuraient non seulement les bases de la méthodologie scientifique sur laquelle s'est appuyé Wilbert Smith pour mener à bien ses recherches, mais il y avait aussi une abondante correspondance dans laquelle il était possible de deviner la pensée profonde de Smith à l'égard de l'issue de ses travaux. À ce propos, il y a d'autres aspects en lien avec l'ufologie qui ne sont pas toujours pris en compte par les ufologues, mais qui ne sont pas à négliger. Il s'agit de la place de l'Homme dans l'univers ainsi que de ses véritables origines.

J'ai été ravi de voir que Wilbert Smith n'avait pas abordé que l'aspect « tôle et boulons » se rapportant aux ovnis, mais qu'il avait entrepris une recherche approfondie du côté anthropologique du phénomène, soit les cas de contacts et des contactés. Wilbert Smith a été un des premiers ufologues à considérer sérieusement l'information provenant des personnes disant avoir été contactées par des intelligences venues d'ailleurs. Qu'il s'agisse de contacts télépathiques ou physiques, il semblerait que de nombreuses personnes ont vécu des rencontres rapprochées avec des extraterrestres dans les années 1950 et 1960. C'est avec la même rigueur scientifique qu'il avait utilisée pour étudier le mode de fonctionnement des ovnis que Wilbert Smith a étudié les propos venant de ces contactés. Leurs messages sont d'autant plus révélateurs qu'ils sont troublants dans la mesure où ils viennent changer la perception que nous avons du monde qui nous entoure, mais surtout à propos de nos origines. Des informations inédites et incroyables seront partagées dans ce livre, et le lecteur est libre d'en disposer à sa convenance. La véritable science est celle où avant de tirer des conclusions sur un phénomène donné, on doit regarder objectivement toutes les données disponibles, et ce n'est qu'avec celles-ci que l'on peut réussir à en avoir une vision éclairée. Le but de ce livre est de partager cette information qui a été trop longtemps ignorée afin que chacun puisse faire sa propre idée du phénomène ovni, de la présence extraterrestre et des réelles motivations entourant cette conspiration mondiale du silence.

PROLOGUE
(Extrait tiré du livre *Les Gardiens du Silence*)

Le Canada ne semble pas avoir échappé à la vague d'observations d'ovnis des années 1950 et tout comme aux États-Unis, le sujet y est gardé secret au sein des plus hauts gradés de l'appareil militaire. Dès 1947, une structure visant à rassembler l'information ovni sera peu à peu mise sur pied en prenant bien soin de garder le tout à l'abri des regards indiscrets. Nous sommes au début de la guerre froide et des tensions avec le bloc de l'Est sont à prévoir dans la course aux armements. Toute nouvelle technologie potentielle est donc tenue secrète, étudiée et développée dans une perspective militaire. Mais Wilbert Smith, un ingénieur canadien en télécommunications a une vision bien différente pour ce qui est des applications possibles d'une nouvelle technologie dont il commence à peine à comprendre les principes. Voyant dans le phénomène ovni une possibilité théorique d'utilisation de champ magnétique de la Terre comme source d'énergie potentielle, il prendra l'initiative de s'informer auprès de scientifiques américains sur l'avancement de leurs recherches à ce sujet. Pendant une brève visite à Washington D.C., il prendra rapidement conscience que, si d'un point de vue officiel personne ne semble s'intéresser au sujet, dans les coulisses par contre, on y consacre énormément d'énergie. Dans sa démarche pour en savoir plus, il fera la connaissance d'un physicien américain, le docteur Robert I. Sarbacher, lequel s'avère être un consultant pour l'armée des États-Unis en matière de développement d'armes militaires.

Les propos du consultant viendront confirmer les doutes de Smith quant au potentiel énorme que représente le géomagnétisme en matière technologique. Mais le sujet étant hautement classifié, Sarbacher conseille à Smith d'obtenir une habilitation de sécurité appropriée auprès de son ministère de la Défense s'il désire s'enquérir davantage d'informations à ce propos. Toujours à

Washington, il rencontrera l'officier de liaison du Conseil de recherches de la Défense (DRB) à l'ambassade canadienne. Ce dernier le dirigera vers le président du conseil, le docteur Omond Solandt. Le but ultime de la démarche de Smith était la mise sur pied d'un projet d'étude sur le géomagnétisme dont les découvertes profiteraient à l'ensemble de la population civile et non pas dans des technologies militaires telles que développées secrètement par l'armée. Lorsque Smith rencontre Solandt deux mois après sa visite à Washington D.C., il l'informera donc de son désir de créer un projet d'étude sur le géomagnétisme sous la gouverne du ministère des Transports au lieu du Conseil de recherches de la Défense. Il avance comme argument qu'il n'a pas suffisamment d'information sur le sujet qui nécessiterait de le placer à l'intérieur d'une telle structure. Solandt accepte, mais à condition de pouvoir superviser l'ensemble du projet et que tous les développements lui soient communiqués. Le jour suivant son entretien avec le docteur Solandt, Smith envoie un mémo de cinq pages au Contrôleur des Télécommunications dans lequel sont expliqués les principes généraux de sa théorie sur le géomagnétisme, la possibilité de l'existence des soucoupes volantes qui fonctionneraient sur ces mêmes principes, l'implication du gouvernement américain dans leur étude et de la nécessité de la mise sur pied d'un projet d'étude canadien sur la question.

L'ensemble des recommandations de Smith fut accepté par le ministre des Transports et le projet *Magnet* débuta officiellement en décembre 1950 avec une classification de sécurité Secret. Le projet d'étude de Wilbert Smith dura officiellement quatre ans en tout, durant lesquels il aborda la question des soucoupes volantes à partir de plusieurs points de vue différents. Il s'attaqua à la problématique de la physique des ondes pour tenter d'y découvrir ses moindres secrets.

Ces secrets qui, de toute évidence, avaient été percés par d'autres civilisations avant nous et qui leur permettaient, semble-t-il, de voyager parmi les étoiles. Smith développa aussi une méthodologie de travail des plus complètes pour ainsi tenter de couvrir tous les champs de la science qui pouvaient lui être utiles dans sa compréhension du phénomène ovni. Ainsi, il mettra au point une grille d'analyse statistique des plus complètes pour traiter les données issues des rapports d'observations.

En 1954, des pressions politiques issues de l'interrogation des partis de l'opposition sur la nécessité d'un tel projet de recherche furent à l'origine de l'arrêt du projet *Magnet* de Wilbert Smith. Après la fermeture du projet, Smith continua tout de même à s'intéresser de près aux observations d'ovnis et poursuivit ses recherches d'une façon autonome jusqu'à son décès en décembre 1962. Durant ces années, il amassa suffisamment d'informations pour faire de lui le spécialiste canadien de la question ovni et d'une présence extraterrestre. Alors qu'il était questionné au cours d'une émission télévisée, Smith déclara ceci :

> Il y a des évidences à l'effet que les personnes qui ont construit et qui pilotent les soucoupes sont des personnes nous ressemblant. Elles ont été vues à de nombreuses occasions et il y a plusieurs témoins prétendant avoir été en contact avec elles. Des communications avec ces personnes nous apprennent qu'elles sont nos parents éloignés, que nous sommes les descendants de leur colonie sur cette planète et qu'elles nous voient encore comme des frères même si nous n'agissons pas souvent comme tel.[1]

En 1969, le professeur Edward Condon, de l'université du Colorado, déposa un rapport provenant d'une étude du phénomène ovni commandée par l'armée de l'air deux années plus tôt. Les conclusions de ce rapport qui rejetaient complètement la thèse extraterrestre n'accordaient aucun crédit au travail de Wilbert Smith. Selon le rapport Condon, les conclusions de Wilbert Smith ne pouvaient être prises en considération, car il ne s'agissait pas de celles du ministère des Transports. Il ne pouvait y avoir meilleur sophisme que celui-ci...

Certains des documents issus du Projet *Magnet* furent rendus accessibles au grand public seulement après qu'Arthur Bray, ufologue et ancien militaire canadien, fasse pression sur le gouvernement en utilisant la Loi sur l'accès à l'information. À sa retraite, la totalité de la documentation amassée par Bray pendant plusieurs années à titre d'ufologue fut entreposée aux archives de l'Université d'Ottawa et mis à la disposition du public pour consultation. Quelques informations contenues dans ce livre sont issues de ces documents, lesquels démontrent sans l'ombre d'un doute que certaines entités sont à l'œuvre pour garder le secret sur une technologie et une philosophie qui pourrait bien changer la face du monde et que la réalité dans laquelle nous vivons est bien différente de ce qui nous est présenté par les médias de masse.

INTRODUCTION

Si cela n'avait pas été de la persévérance et de l'entêtement de l'ufologue canadien Arthur Bray pour faire déclassifier des documents se rapportant aux ovnis dans les années 80, il est fort probable que personne aujourd'hui n'aurait jamais entendu parler du projet *Magnet*. Dès 1947, alors qu'il était pilote pour la marine canadienne, Bray s'intéressa à la question des ovnis. Durant de nombreuses années, il accumula suffisamment d'information sur le sujet pour découvrir que le gouvernement en savait beaucoup plus à propos des ovnis que ce qui était dit officiellement. Bray se donna comme mandat de faire sortir la vérité et ne manqua pas de faire pression sur le gouvernement tout au long de sa carrière d'ufologue. Que ce soit par des envois postaux envoyés au premier ministre canadien ou lors de déclarations publiques dans les médias, Arthur Bray harcelait sans cesse les officiels du gouvernement fédéral à ce propos.[1]

Le point de vue de cet ufologue ayant passé tant d'années à patauger dans les archives gouvernementales était que les agissements du gouvernement canadien en matière d'ovni reflétaient un camouflage délibéré de l'information. En 1974, Arthur Bray annonça ses conclusions de façon assez claire dans un magazine canadien traitant de la question du gouvernement canadien en matière d'ovni :

> Je suis totalement convaincu que le gouvernement canadien est engagé dans une opération de dissimulation. Bien sûr, le manque d'information peut simplement provenir de l'incompétence et de la maladresse de la part des ministres de la Couronne et des subordonnés de l'État, mais je ne peux honnêtement croire que tous les hauts placés que j'ai consultés sont à ce point incompétents. La seule explication, selon mon point de vue, est une dissimulation délibérée. Mes nombreuses années à harceler le gouvernement à ce sujet ne me laissent aucune autre conclusion. J'ai suspecté cela pendant des années

comme beaucoup d'autres, mais j'ai délibérément évité une telle conclusion dans l'espoir que j'avais tort. Je ne peux plus l'éviter maintenant. Je laisse cela aux lecteurs afin qu'ils puissent trouver par eux-mêmes ce qui motiverait le gouvernement à agir de la sorte.[2]

Quelques années plus tard, en invoquant la Loi sur l'accès à l'information, Bray se verra octroyé une quantité de documents déclassifiés parmi lesquels se trouvera un mémo *top secret* daté de 1950 écrit par Wilbert Smith. Ce document déclassifié par erreur viendra confirmer les doutes de l'ufologue sur l'implication des gouvernements canadien et américain dans le maintien du secret des ovnis. En dépit de cette maigre récompense, les efforts de Bray furent enfin récompensés lorsque celui-ci suivit la piste du projet de recherche de Wilbert Smith, le projet *Magnet*. À sa grande surprise, Arthur Bray découvrit de nombreux documents se rapportant aux ovnis non pas aux Archives canadiennes, mais plutôt au domicile de la veuve de Smith. Mais comment se faisait-il que les documents d'un projet de recherche du gouvernement canadien étaient archivés dans une propriété privée? La réponse était simple. C'était Wilbert Smith qui les avait entreposés là dans l'attente qu'un jour quelqu'un s'en servirait pour faire sortir la vérité. Ce dernier voulait à tout prix que les informations se rapportant aux ovnis soient divulguées mais il savait que certaines entités gouvernementales travaillaient dans l'ombre pour éviter que ses travaux ne soient rendus publics. Ironiquement, Smith a dû faire disparaître les archives du projet *Magnet* pendant un certain temps...

Sachant qu'il allait mourir prochainement, car on lui avait diagnostiqué un cancer, Smith dissimula chez lui une partie des documents qu'il avait amassés tout au long de ses recherches se rapportant aux ovnis et au géomagnétisme. Il donna l'instruction à sa femme, Murl Smith, de garder ses dossiers cachés tant qu'elle ne rencontrera pas une personne de confiance qui les utiliserait pour dévoiler la vérité au public concernant le potentiel technologique de l'énergie géomagnétique et des extraterrestres ayant visité la Terre. Wilbert Smith décéda du cancer en décembre 1962 et l'ensemble de ses travaux furent oubliés pendant près de 15 ans. Ce n'est qu'en 1977, après avoir découvert l'existence du fameux mémo *top secret*, qu'Arthur Bray rencontra la veuve de Smith pour être informé de ce qu'elle savait à propos des activités de son défunt mari alors qu'il travaillait pour le ministère des Transports.

Murl Smith avait eu quelques visites d'officiels des gouvernements canadien et américain suite à la mort de son mari. Tous voulaient récupérer ce que Wilbert Smith aurait pu laisser « traîner » comme information sensible pouvant leur être utile et que le public n'avait pas besoin de savoir. Alors que pendant plus de quinze ans, Murl Smith avait toujours nié posséder quoi que ce soit, elle dévoila à Bray lors de sa visite qu'elle détenait la totalité des archives léguées par son mari avant sa mort. Devant l'exaltation non dissimulée de l'ufologue, la veuve de Smith trouva finalement celui qu'elle attendait depuis de nombreuses années. Elle saisit l'occasion de se débarrasser du lourd fardeau que représentait la dissimulation de ces boîtes de documents et les remit à Arthur Bray.

Bray passa en revue la totalité de ces archives qu'il catalogua afin de mieux s'y retrouver. Les informations qu'il soutira des documents de Smith seront à l'origine de son deuxième livre sur le phénomène ovni, *The UFO Connection*, publié en 1979. Après avoir passé plusieurs années de lutte acharnée contre l'immobilisme du gouvernement canadien en matière d'ovni, Arthur Bray se retira définitivement de l'arène ufologique. En 1994, n'ayant pu trouver de relève pour prendre le flambeau, Bray conclura une entente avec l'Université d'Ottawa pour entreposer ses documents. C'est ainsi qu'un fonds d'archives spécial fut créé dans lequel sera entreposée toute la documentation qu'il avait amassée durant ses 47 années d'ufologie. Cette imposante collection connue comme *Le fonds Arthur Bray* est désormais accessible au public pour consultation et l'ensemble des documents de Wilbert Smith se rapportant au Projet

Magnet y sont également entreposés. Une partie des informations qui constitue cet ouvrage provient à la fois des documents issus de Bibliothèque et Archives Canada et du Fonds Arthur Bray de l'Université d'Ottawa.

CHAPITRE I
CONTEXTE DE L'ÉTABLISSEMENT DU
PROJET *MAGNET*

La vague d'observations d'ovnis des années 1950

Au début des années1950, le nombre d'observations d'ovnis était tellement élevé et le nombre de rapports d'observations reçus par les différentes instances concernées du gouvernement canadien était tel qu'il devenait difficile pour les autorités de continuer à cacher la vérité au public sans que cela ne soit perçu comme des actes délibérés de camouflage et de dissimulation d'information de la part du gouvernement et des militaires. C'est pour cette raison qu'aux États-Unis la CIA, alors mandatée par le comité MJ-12 pour garder le secret sur les ovnis et la présence extraterrestre, a proposé la mise sur pied de différentes mesures afin de diminuer l'intérêt du public sur la situation causée par les observations de soucoupes volantes. Une de ces mesures était de simplement annoncer à la population que l'armée de l'air cessait d'étudier le phénomène, faute de données probantes (chose qui avait été faite en décembre 1949). Les officiers supérieurs des services de renseignements du ministère de la Défense canadienne tenaient de fréquentes réunions secrètes pour décider des actions à prendre sur la situation occasionnée par les nombreuses observations de soucoupes volantes au-dessus du Canada. Ils ont conclu au cours de l'une de ces réunions qu'il était préférable de suivre une politique semblable à celle des Américains concernant les soucoupes volantes, et ce, malgré le fait que certaines recommandations issues d'une réunion précédente visaient à préparer des documents pour faciliter et organiser les enquêtes de terrain se rapportant aux observations de soucoupes volantes.

Malheureusement pour les services de renseignements de l'armée canadienne, qui voulaient garder un profil bas, ces derniers n'avaient pas prévu qu'un scientifique nommé Wilbert Smith vienne malgré lui compromettre le désir de discrétion des entités gouvernementales canadiennes quant à la situation sur les soucoupes volantes. La venue de Wilbert Smith et son projet *Magnet* dans l'arène ufologique ont contribué à informer la population tout en attisant son intérêt à ce propos au lieu de l'éteindre comme le souhaitaient les militaires à l'époque. Pour comprendre le point de vue des militaires sur la position à prendre concernant les observations de soucoupes volantes au début des années 1950, il est préférable de lire un des mémos qui s'y rapportent. À cet effet, voici la retranscription traduite du mémorandum sur les soucoupes volantes du comité conjoint du renseignement (JIC) du ministère de la défense nationale daté du 4 août 1950[1]:

M E M O R A N D U M

RESTREINT

8.21-1-9 (DAI)
4 Aug 50

Secrétaire
Comité conjoint du renseignement
 Soucoupes volantes

1. À la 220ᵉ réunion du 12 avril il a été convenu (item VI) que le DSI et le DAI devaient préparer un questionnaire pour investiguer et rapporter les occurrences de soucoupes volantes qui passent au-dessus du Canada. Au moment où l'USAF a annoncé publiquement qu'elle cessait d'investiguer sur les rapports d'observation et qu'elle fermait le projet "soucoupe", un de nos officiers s'est rendu à Washington et a examiné l'étude spéciale qui avait été écrite en complément du projet. Cette étude indiquait que les observations étaient soit des phénomènes naturels, des canulars ou imaginaires, et concluait qu'aucun aéronef étranger ou extraterrestre n'était impliqué dans aucun des incidents. Il était apparent aussi qu'à chaque fois que les observations ont été rendues publiques, il y a eu par la suite plusieurs autres signalements d'observations. La politique actuelle de l'USAF est de diminuer l'intérêt pour le sujet et d'investiguer seulement lorsque considéré nécessaire par le commandant de secteur, sans aucun arrangement spécial pour rapporter ou investiguer.

2. Il semble qu'une politique similaire de notre part serait sage et qu'il ne serait pas nécessaire de produire un questionnaire spécial ou de prendre des arrangements pour investiguer, car ceci aura pour conséquence de donner de la publicité au sujet. Il est donc suggéré que les rapports d'observation ne doivent pas être sollicités et ceux qui nous parviendront devront être envoyés au DSI pour rétention et actions subséquentes seulement si de telles actions semblent nécessaires.

3. Il serait probablement judicieux d'apporter ce sujet à l'intérieur d'un comité afin qu'une décision soit prise au niveau officiel.

(G S Austin) W/C
Acting DAI

Department of National Defence/RG 24, vol. 17984
Ministère de la Défense nationale   File/Dossier HQ 940-5
Part/ Partie 1

PUBLIC ARCHIVES/ARCHIVES PUBLIQUES CANADA

Il semble bien qu'en ce qui a trait à une étude du phénomène ovni, le projet *Magnet* tombait à point, car à partir de la fin de la Seconde Guerre mondiale et avec l'avènement de la Guerre froide, le nombre d'observations d'ovnis et les témoins qui les rapportaient augmentaient de façon exponentielle. Dès juillet 1952, la masse d'informations obtenues de ces multiples rapports d'observation permettra à Wilbert Smith et à son équipe de tirer certaines conclusions intéressantes, telles que :

À partir de l'étude des rapports d'observation (Annexe IV), on peut en déduire que ces véhicules ont les caractéristiques suivantes. Ils ont cent pieds de diamètre ou plus; ils peuvent voyager à des vitesses de plusieurs milliers de milles à l'heure; ils peuvent atteindre des altitudes bien plus hautes que celles que supporteraient les avions conventionnels ou les ballons et amplement de pouvoir et de force semblent être disponibles dans toutes les manœuvres requises. En prenant ces facteurs en considération, il est difficile de reproduire ces performances

3

avec les capacités de notre technologie, et à moins que la technologie de quelque nation terrestre soit beaucoup plus avancée que ce qui est généralement connu, nous arrivons à la conclusion que ces véhicules sont probablement extraterrestres, en dépit de nos préjugés sur la question. [2]

Le 8 septembre 1950, soit quelques mois à peine après la publication officielle de l'USAF dans laquelle il était mentionné qu'il n'y avait plus d'étude sur les soucoupes volantes, le major-général Cabell, alors directeur des services de renseignements de l'USAF, publie un ensemble de directives afin de rapporter efficacement toute observation d'aéronefs non conventionnels (figure 4). Même si dans ce document, les termes soucoupes volantes ou ovni ne sont jamais mentionnés, il parait évident que c'était de cela dont il était question, car lorsque l'on prend connaissance de la définition d'aéronef non conventionnel tel qu'il est stipulé dans ce document, il est facile de tirer cette conclusion :

> Un aéronef non conventionnel, selon la signification de cette directive, est défini comme étant tout aéronef ou objet aérien dont les performances, caractéristiques aérodynamiques ou aspects inhabituels ne ressemblent en rien à aucun type d'aéronefs connus actuellement. [3]

D'ailleurs, comme on le verra un peu plus loin, les directives du major-général Cabell serviront dans l'établissement de procédures standardisées pour rapporter toute observation d'ovnis à l'échelle nord-américaine en premier lieu. Et en second lieu, ces procédures ayant pour acronymes JANAP-146 et CIRVIS-MERINT seront étendues au-delà de la structure militaire du renseignement et s'appliqueront également aux pilotes de ligne de l'aviation civile, ainsi qu'aux personnels des navires marchands. Le but étant de couvrir le plus de territoire possible avec des observateurs fiables et discrets. Leur discrétion étant assurée par des règles strictes de non divulgation d'information.

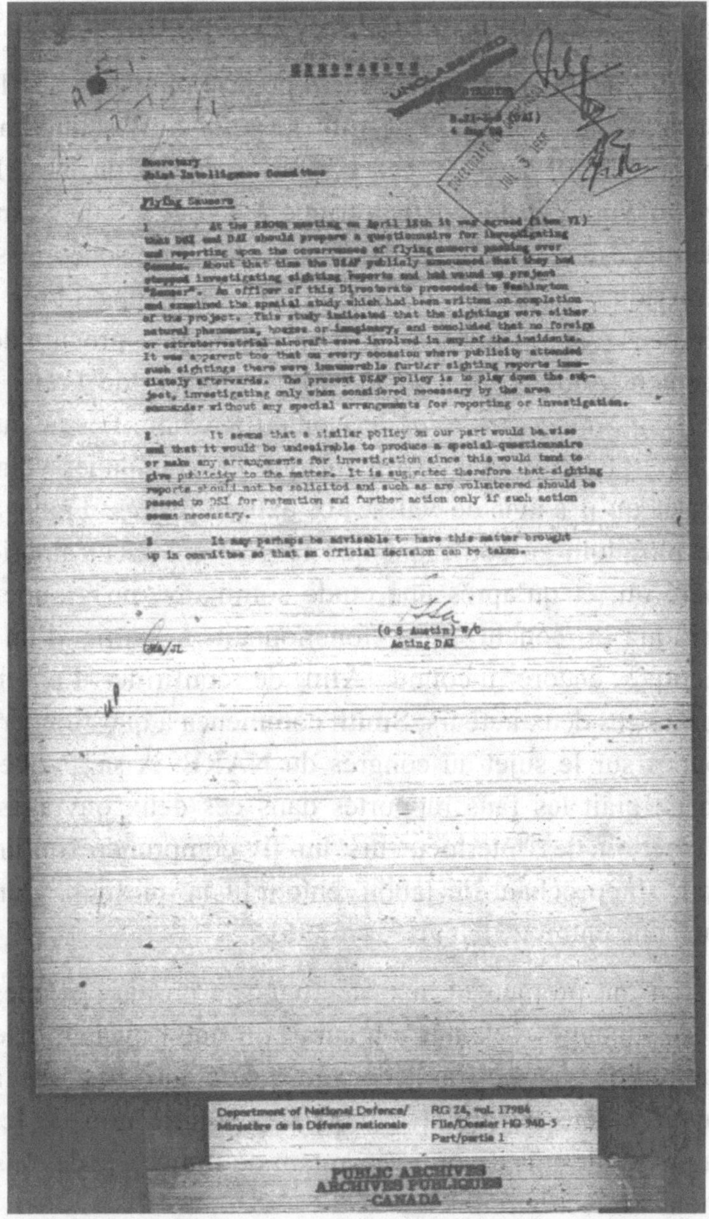

Figure 1. Mémorandum du comité conjoint du renseignement sur les soucoupes volantes, 4 août 1950.

Washington D.C. – 15 septembre 1950

C'est en sa qualité d'ingénieur radio pour le ministère des Transports du Canada que Wilbert B. Smith se rend à Washington D.C. en septembre 1950 dans le cadre d'un congrès du NARB (*North American Radio Broadcast*). Intrigué par tout le tapage médiatique des derniers mois entourant des observations de soucoupes volantes en Amérique, il profite de ses nombreux temps libres entre les conférences pour s'informer sur la question. Il se procure deux livres fraîchement publiés, *Behind the Flying Saucer* de Frank Scully et *The Flying Saucer are Real* de Donald Keyhoe. Les auteurs de ces deux livres controversés affirment que les soucoupes volantes sont réelles et qu'il s'agit de vaisseaux extraterrestres. Frank Scully va même plus loin en soutenant que le gouvernement américain en a récupéré un, et qu'après une étude sommaire, un groupe militaro-scientifique a conclu qu'il fonctionnait à partir d'un principe magnétique encore inconnu. Afin de confirmer l'ensemble des propos de ces deux auteurs, Smith commença à questionner quelques personnes sur le sujet au congrès du NARB. À sa grande surprise, aucun ne niait les faits rapportés dans ces deux ouvrages, mais la vive réaction des interlocuteurs lui fit comprendre qu'un malaise général, s'approchant du tabou, entourait la question. Comme il le dit dans une entrevue télévisée en 1961 :

> ...en me promenant aux alentours, je posais des questions sur les soucoupes volantes, on aurait dit que j'avais mis le pied sur un nid de guêpes. J'ai découvert que le gouvernement américain avait monté un projet hautement classifié afin de les étudier, alors je me suis dit qu'avec autant de fumée, je devrais regarder pour trouver le feu. [4]

Il faut dire que Smith arrive dans un bien drôle de moment pour s'informer d'un tel sujet. Aux États-Unis, l'armée de l'air venait d'annoncer qu'elle avait définitivement cessé son projet d'étude officiel en déclarant de façon subtile que ceux qui voyaient des soucoupes volantes pouvaient être sujet à une forme légère d'hystérie de masse (figure 2). Smith dira à ce propos :

> J'ai été informé dernièrement que les autorités américaines enquêtent à partir de plusieurs hypothèses en abordant la possibilité que les soucoupes soient un phénomène d'origine mentale... [5]

Les autorités américaines avaient-elles trouvé un moyen de se débarrasser de la curiosité du public? À en croire les dires de Frank Scully, auteur de *Behind the Flying Saucer*, il semble que l'opération psychologique mise en place par les services de renseignements commençait à porter fruit : « Les personnes parlant librement durant l'été de 1949 ne raconteraient même pas leur histoire pour 20 000 000$ à l'été 1950. [6]

C'est dans ce climat de paranoïa et de confusion que Wilbert Smith commença son enquête sur les soucoupes volantes et leur potentiel technologique. Malgré l'insouciance de ce Canadien très curieux, la chance voulut qu'on le dirige tout de même vers les personnes les plus informées de Washington. En premier lieu, Smith fit la rencontre du lieutenant-colonel Bremner, un attaché militaire à l'Ambassade canadienne aux États-Unis. C'est ce dernier qui mettra Smith en contact avec le docteur Robert Irving Sarbacher. Sarbacher était consultant scientifique pour le Conseil de recherches et développement de la Défense américaine dirigé à l'époque par Vannevar Bush, un scientifique influent impliqué dans la mise sur pied de structures militaro-scientifiques, visant à développer des technologies à partir de l'étude de vaisseaux extraterrestres récupérés par l'armée durant les années 1940. (Le comité MJ-12 figure en tête de liste de ces structures). En raison de sa position dans l'appareil gouvernemental américain, le docteur Sarbatcher était suffisamment bien placé pour répondre aux interrogations de Smith concernant les soucoupes volantes et les rumeurs qui les entouraient. [7]

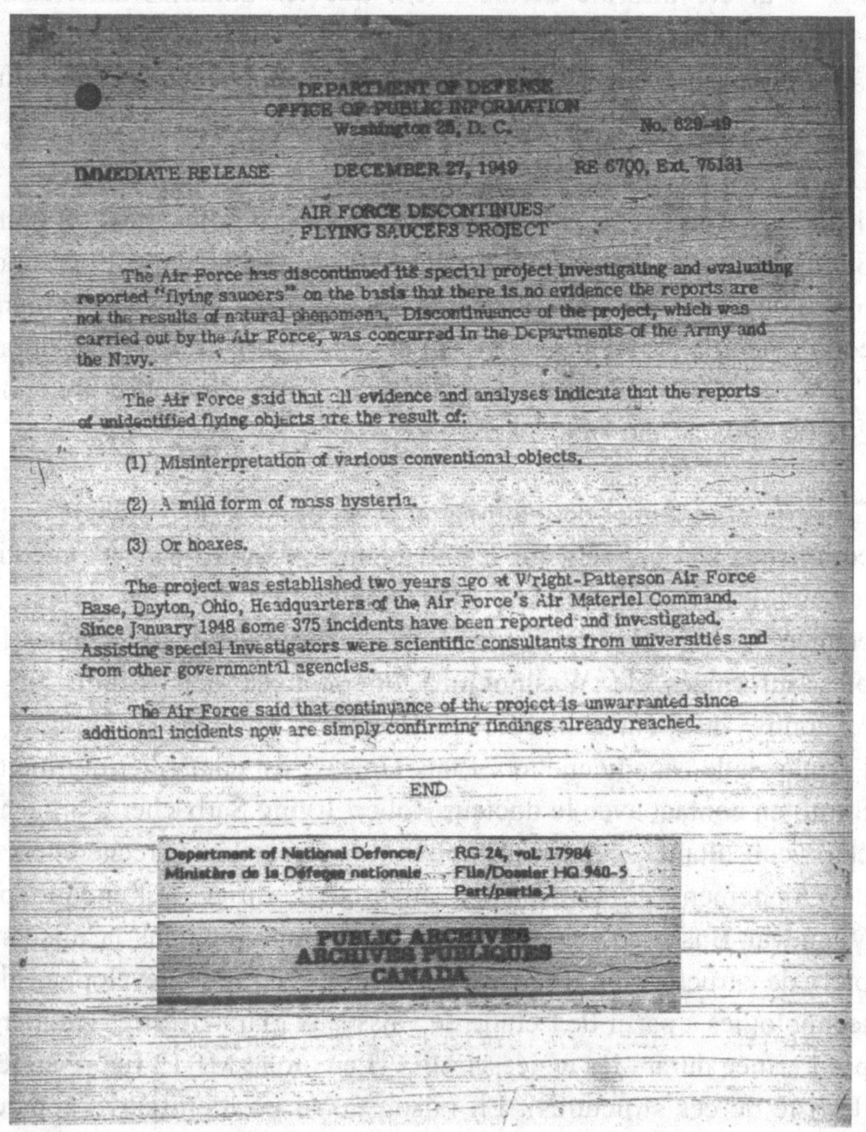

Figure 2. Mémorandum du Département américain de la Défense concernant l'arrêt du projet d'étude sur les soucoupes volantes, 27 décembre 1949.[8]

Retranscription et traduction du mémo du DOD

DÉPARTEMENT DE LA DÉFENSE
BUREAU DE L'INFORMATION PUBLIQUE
Washington 25, D.C.   No. 629-49
PUBLICATION IMMÉDIATE   27 DÉCEMBRE 1949
RE 6700, Ext. 75131

L'ARMÉE DE L'AIR CESSE
LE PROJET SOUCOUPES VOLANTES

L'armée de l'air a cessé son projet spécial d'investigation et d'évaluation sur les observations de « soucoupes volantes » parce qu'il n'y a aucune preuve que les rapports ne sont pas le résultat de phénomènes naturels. La cessation du projet, lequel a été mené par l'armée de l'air, a été approuvée par les départements de l'armée de terre et de la marine. L'armée de l'air a conclu que toutes les preuves et les analyses indiquent que les rapports des objets volants non identifiés sont le résultat de :

1. La mauvaise interprétation de divers objets conventionnels.
2. Une forme légère d'hystérie de masse.
3. Ou de canulars.

Le projet fut établi il y a deux ans à la base de l'armée de l'air de Wright-Patterson à Dayton dans l'Ohio, quartiers Généraux du Commandement matériel de l'Air de l'armée de l'air. Depuis janvier 1948 quelques 375 incidents ont été rapportés et enquêtés. Les enquêteurs spéciaux ont eu l'assistance de consultants scientifiques provenant d'universités et d'agences gouvernementales.

L'armée de l'air conclut que la continuité du projet est inutile dû au fait que les incidents additionnels actuels viennent simplement confirmer ce qui a déjà été découvert.

FIN

Ministère de la Défense nationale   **RG 24, vol. 17984**
Dossier HQ 940-5
Partie 1

ARCHIVES PUBLIQUES CANADA

Contexte de l'établissement du projet *Magnet*

Sur les recommandations du lieutenant-colonel Bremner, Smith ira aussitôt rencontrer le docteur Sarbacher à son bureau pour obtenir davantage d'information sur la question des soucoupes volantes. Un phénomène qui l'intéressait au plus haut point, car celles-ci semblaient fonctionner à partir d'un principe physique lié à ses propres recherches sur le géomagnétisme. L'extrait suivant est tiré d'une retranscription de la conversation ayant eu lieu le 15 septembre 1950 entre Wilbert Smith et le docteur Robert I. Sarbacher à Washington D.C. C'est à l'intérieur de cette retranscription écrite par Smith immédiatement après sa rencontre avec Sarbacher que l'on apprend que les États-Unis s'intéressaient de très près à la technologie des soucoupes volantes et qu'ils avaient classifié le sujet deux points plus haut que celui de la bombe à hydrogène, laquelle faisait partie des secrets militaires les mieux gardés à l'époque. C'est donc dire que les Américains accordaient une priorité stratégique des plus importantes aux soucoupes volantes et qu'ils étaient déjà très au fait de leur potentiel technologique :

Wilbert B. Smith : *Je travaille présentement à l'étude du champ magnétique terrestre comme source d'énergie et je crois que notre travail nous conduit aux soucoupes volantes.*

Robert I. Sarbacher : *Que voulez-vous savoir ?*

W.B.S : *J'ai lu le livre de Scully sur les soucoupes et j'aimerais savoir si tout cela est vrai.*

R.I.S : *Les faits rapportés dans ce livre sont effectivement valables.*

W.B.S : *Donc les soucoupes volantes existent ?*

R.I.S : *Oui, elles existent.*

W.B.S. : *Est-ce qu'elles fonctionnent comme le suggère Scully sur des principes magnétiques ?*

R.I.S. : *Nous n'avons pas pu reproduire leurs performances.*

W.B.S. : *Est-ce qu'elles viennent d'une autre planète ?*

R.I.S. : *Tout ce que nous savons c'est que nous ne les avons pas faites et nous croyons qu'elles ne viennent pas de la Terre.*

W.B.S. : *Je crois comprendre que l'ensemble du sujet des soucoupes est classifié.*

R.I.S. : *Oui, il est classifié deux points plus haut que la bombe H. En fait, il s'agit présentement du sujet le plus hautement classifié du gouvernement américain.*

W.B.S. : *Est-ce que je peux savoir la raison de cette classification ?*

R.I.S. : *Vous pouvez demander, mais je ne peux pas vous le dire...*

W.B.S. : *Y a-t-il une façon pour que je puisse obtenir plus d'information dans le sens où le sujet semble être en étroite relation avec notre travail ?*

R.I.S. : *Je suppose que vous pouvez obtenir une habilitation de sécurité en passant par votre propre département de la Défense et je suis pas mal certain qu'un arrangement pourra être fait pour échanger l'information. Si vous pouvez contribuer, nous serons ravis d'en discuter, mais je ne puis vous en dire davantage pour le moment.*

> *Ce document a été retranscrit de mémoire immédiatement après l'entrevue. J'ai tenté de le garder identique à la discussion.*[9]

Le contenu de l'entretien précédent est quant à lui suffisant pour voir l'implication des plus hautes instances du gouvernement américain dans des projets secrets en lien avec la technologie des soucoupes volantes. Cette retranscription de Wilbert Smith confirme également que non seulement l'armée américaine n'avait pas cessé d'étudier la question comme elle le prétendait dans son mémorandum du 27 décembre 1949, mais qu'elle l'avait classifiée davantage (...*deux points plus haut que la bombe H*). Cette classification de sécurité élevée mise en place par les Américains ne sera donc qu'une preuve de plus attestant une dissimulation délibérée de la part de ce gouvernement à propos de l'existence des soucoupes volantes et de l'intérêt qu'il leur porte.

L'entretien avec le docteur Sarbacher fut donc un événement important dans la démarche de Wilbert Smith, car c'est à partir de celui-ci qu'il rédigera un mémo pour mettre sur pied son propre projet de recherche sur le géomagnétisme et les soucoupes volantes. Mais avant toute chose et sur la recommandation de Sarbacher, Smith s'assurera d'obtenir l'habilitation de sécurité adéquate, laquelle devait être attribuée par le ministère de la Défense nationale. De retour au Canada, Smith n'aura d'autre choix que de rencontrer le docteur Omond Solandt, directeur du Comité de recherches de la Défense du Canada (DRB). En dépit de son rôle effacé, Solandt était celui au Canada par qui tout ce qui se rapportait aux soucoupes volantes ou à leur technologie devait obligatoirement passer. Il était l'homologue canadien du fameux docteur Vannevar Bush, directeur du JRDB et du comité MJ-12. Il était donc évident que Smith devrait préalablement obtenir l'accord de Solandt avant de pouvoir mettre sur pied son nouveau projet de recherche.

Le projet *Magnet,* qui fut mis sur pied en décembre 1950, fut donc créé durant une époque des plus actives d'un point de vue ufologique, mais également au niveau des activités des services de renseignements. À l'origine, le projet avait été mis sur pied afin de découvrir scientifiquement si ces objets volants inconnus, dont les observations avaient été rapportées par de nombreuses personnes, étaient bel et bien réels ou s'il ne s'agissait que de méprises de phénomènes ou d'objets connus (comme le suggérait le Département de la Défense des États-Unis). Afin de faciliter l'étude des données issues des nombreux rapports d'observation, Smith avait établi une méthodologie scientifique basée sur des statistiques, lesquelles avaient démontré qu'un certain pourcentage de ces rapports d'observation démontrait l'existence de vaisseaux inconnus pilotés par des êtres intelligents venus d'ailleurs (à cet effet, des tableaux provenant de cette étude spécifique expliquant les démarches de Wilbert Smith sont présentés à l'annexe II). Après avoir franchi la première étape qui était de savoir si notre planète était bien visitée par des intelligences extraterrestres, (ce qui semble avoir été assez rapide), la prochaine étape était de comprendre les principes théoriques physiques entourant le mode de fonctionnement de ces objets. Cette étape a probablement été celle qui a demandé le plus d'énergie en termes de recherche, car Smith et son équipe ont dû revoir l'ensemble des principes entourant la physique des ondes afin d'y trouver une façon de créer un puits magnétique. À ma connaissance, selon les informations obtenues de l'étude des documents du projet *Magnet*, Wilbert Smith ne réussit pas à reproduire les conditions nécessaires à la création d'un tel puits, mais ceci ne l'empêcha pas d'en apprendre beaucoup sur le mode de fonctionnement des soucoupes volantes et sur les êtres qui les pilotaient.

Dans son projet d'étude sur les ovnis, qui a duré officiellement de 1950 à 1954, Smith a abordé plusieurs aspects différents de la science. Étant lui-même un scientifique avec une maîtrise en génie électronique de l'Université de Colombie-Britannique, son champ d'expertise portait sur la propagation des ondes électromagnétiques, ceci l'amenant à étudier les radiations cosmiques, les aurores boréales, la radioactivité atmosphérique et le géomagnétisme.[10] C'est ce dernier aspect qui amena Wilbert Smith à s'intéresser aux ovnis. Il était convaincu que les ovnis convertissaient le champ magnétique de la Terre en énergie exploitable pour leur mode de propulsion. C'est autour de cette seule hypothèse que Smith réussit à convaincre ses supérieurs au ministère canadien des Transports de mettre sur pied ce projet d'étude secret visant à découvrir le mode de fonctionnement des soucoupes volantes et à le reproduire pour des applications civiles.

Contexte de l'établissement du projet *Magnet*

Avant d'entrer dans le vif du sujet, il est important de bien connaître l'idée générale de ce que fut réellement le projet *Magnet*. Il est vrai que j'aurais pu écrire moi-même une entrée en matière de quelques paragraphes décrivant brièvement l'ensemble de ce projet d'étude canadien sur les ovnis, mais j'ai préféré laisser la chance à quelqu'un d'autre, Wilbert Smith lui-même. Ce dernier avait écrit un résumé quelque temps avant son décès en 1962, qui avait été intégré au livre de Timothy Beckley, *The boys from top side*, publié en 1969. J'ai donc traduit et reproduit ce texte, car il exprime clairement et sans ambiguïté l'ensemble du projet tel que vu par Wilbert Smith…

Le projet *Magnet* fut autorisé en décembre 1950, à la suite de ma requête au ministère des Transports du Canada demandant la permission d'utiliser les installations de recherche du département pour une étude sur les objets volants non identifiés ainsi que sur les principes physiques qu'on leur attribue.

Le programme était divisé en deux parties. La première consistait à amasser autant de données de haute qualité que possible, à les analyser et à étudier les conclusions que l'on pouvait en retirer. La deuxième partie était une remise en question de l'ensemble de nos conceptions de base en physique, dans l'espoir d'y relever les déficiences qui nous aideraient à nous diriger sur la piste d'une nouvelle technologie.

Malheureusement, des journalistes, quoi que bien intentionnés, ont nui à la réputation du programme dans leur recherche de sensationnalisme, et leurs propos furent repris pour des motifs politiques, à un tel point que, autant les gens travaillant directement au projet que le ministère des Transports se retrouvèrent dans une situation embarrassante. Conséquemment, quand le rapport du projet *Magnet* fut déposé dans le but d'élargir l'étude au moyen d'un support financier fédéral, la décision fut prise en 1954 qu'il n'était pas opportun de continuer en raison de toute la mauvaise presse que l'ensemble du projet avait subie. [10]

Les conclusions du projet *Magnet*, lesquelles sont inscrites dans un des rapports écrits par Wilbert Smith, étaient basées sur de solides analyses statistiques de rapports d'observation comme ci-dessous :

1. Il y a 91% de probabilité qu'un minimum d'observations soit de vrais objets d'origines inconnues.

2. Il y a environ 60% de probabilité que ces objets soient des véhicules extraterrestres.

Les conclusions basées sur les études des principes physiques de base furent les suivantes :

1. Plusieurs de nos conceptions fondamentales sont fondamentalement ambigües et une toute nouvelle philosophie peut être reconstruite sur des alternatives.

2. Plusieurs de ces alternatives nous conduisent vers des équations beaucoup plus simples dont les représentations ne nécessitent pas de rafistolage pour qu'elles puissent s'interconnecter.

3. De plus, la plupart de nos conceptions actuelles en relation avec les champs d'intérêt respectifs sont erronées.

Les activités du projet *Magnet* furent toutes, de près ou de loin, orientées dans l'étude de chacun des points mentionnés plus haut. L'étude de plusieurs d'entre eux n'a rien donné, mais quelques-uns ont été significatifs et valaient amplement les efforts fournis. En ce moment, un modèle défini est en train d'émerger, et le travail de terrain nous oriente vers une nouvelle technologie qui pourrait littéralement nous amener vers les étoiles. [11]

À propos de Wilbert Smith

Wilbert Brockhouse Smith

Wilbert Brockhouse Smith est né le 17 février 1910 à Lethbridge dans la province d'Alberta au Canada. Son intérêt pour la science s'est manifesté très tôt, et à l'âge de 15 ans seulement il a écrit un traité sur les principes du mouvement perpétuel. Il est également l'auteur de plusieurs nouvelles scientifiques, et après avoir obtenu son B.Sc. et sa maîtrise en génie électronique de l'Université de Colombie-Britannique, en 1935, il rejoint l'équipe de la station de radio C.J.O.R à Vancouver. Quatre ans plus tard, il est nommé chef ingénieur. En 1939, il a rejoint le ministère des Transports du Canada, où il a continué son travail dans le domaine de la radiodiffusion, et où il s'est vu attribuer beaucoup de mérite dans l'avancement de nombreux aspects techniques se rapportant à la radiodiffusion au Canada. Il a participé notamment au développement des ondes FM et à des ententes canado-américaines dans le domaine de la télédiffusion. Durant la Seconde Guerre mondiale, il a été responsable de l'établissement de stations de mesures ionosphériques à l'échelle du Canada. En 1957, il a été nommé surintendant de la réglementation de la radio en ingénierie, devenant ainsi responsable de tous les aspects relatifs en matière d'ingénierie concernant l'usage des ondes radio au Canada incluant les équipements et standards ainsi que les systèmes relais radio.[12]

En décembre 1950, suivant la recommandation de Wilbert Smith au ministère des Transports, le projet *Magnet* fut autorisé avec la permission d'utiliser les laboratoires et installations du ministère dans le but d'étudier les relations possibles entre le mode de fonctionnement des soucoupes volantes et différentes théories en lien avec des principes géomagnétiques permettant l'utilisation de nouvelles sources d'énergie. Malgré de nombreuses avancées, le projet *Magnet* dut cesser officiellement ses opérations de façon prématurée en 1954, en raison de pressions politiques causant l'embarras du ministère des Transports, en raison d'articles journalistiques écrits par des journalistes bien intentionnés, mais mal informés sur la question (figure 3). Après la fermeture officielle du projet *Magnet* en 1954, Jusqu'à son décès en décembre 1962, Wilbert Smith a tout de même continué ses recherches sur les ovnis durant ses temps libres et à partir de ses propres moyens.

Il a débuté ses recherches sur les soucoupes volantes avec une approche scientifique et cartésienne cherchant à prouver leur existence et à découvrir leur mode de fonctionnement de façon empirique. Il a passé les dernières années de sa vie à partager toute l'information qu'il avait reçue à tous ceux et celles assez ouverts d'esprit pour écouter ses propos. Tout au long de ce projet et par la suite, il en est venu à la conclusion que les messages provenant des frères de l'espace étaient beaucoup plus importants que le mode de fonctionnement de leurs vaisseaux. Le respect que Wilbert Smith avait obtenu de ses pairs a été démontré même après son décès, car il a reçu à titre posthume le Prix Lieutenant-colonel Keith S. Rogers *Memorial* d'ingénierie pour son dévouement dans l'avancement des standards techniques des réseaux canadiens de diffusion. Sa très grande perspicacité et son ouverture d'esprit ont fait de lui un scientifique avant-gardiste et très en avance sur son temps. Smith est également considéré comme étant un des premiers ufologues.[13]

Figure 3. Première page d'un journal d'Ottawa daté du 11novembre1953 disant que le gouvernement canadien s'intéresse aux soucoupes.[14]

L'Autorité supérieure

Les militaires ont amassé beaucoup d'informations, les ont classifiées, et enterrées de façon si efficace que personne ne peut y accéder, et ceux qui ont été en mesure de comprendre tout ça sont privés des données de base et doivent se contenter des miettes qui tombent en dehors des griffes des militaires.[15]

Malgré les efforts de Smith pour empêcher une mainmise militaire sur le développement de ses recherches, on peut voir transparaître au travers de sa correspondance quelques allusions à un groupe puissant qu'il nommera lui-même « l'Autorité supérieure ». Cette entité au-dessus de la structure officielle du gouvernement semblait dicter la même ligne de conduite en matière de non-divulgation de l'information sur les soucoupes volantes que nos voisins américains. On peut en conclure que cette « Autorité supérieure » supervisait l'ensemble des développements technologiques issus de la recherche sur ces énigmes célestes. Lorsqu'on étudie la documentation se rapportant au projet *Magnet* ainsi que certains documents déclassifiés des gouvernements canadien et américain provenant de cette époque trouble, il est relativement facile de deviner que le groupe que Smith nommait « l'Autorité supérieure» n'était nul autre que le comité MJ-12. Ce comité spécial fut mis sur pied en septembre 1947 pour enquêter et superviser tout ce qui se rapportait aux soucoupes volantes et à leur technologie, après qu'une d'entre elles ait été abattue par l'armée près de la petite ville de Corona dans le désert du Nouveau-Mexique.

C'est en épluchant les documents déclassifiés du gouvernement canadien et la correspondance de Smith que l'on peut conclure que ces éminences grises travaillaient d'arrache-pied pour garder toutes les informations en lien avec les soucoupes volantes sous le sceau du secret. Toutefois, Smith était de ceux qui croyaient que si les soucoupes volantes existaient vraiment, la technologie qui proviendrait de leur étude devrait servir les besoins de la population et non pas à produire de nouvelles armes sophistiquées. Il était à l'époque certainement celui qui en disait le plus à leur propos, bien qu'il prenne grand soin de ne pas briser son entente de confidentialité. La décision de mettre le projet *Magnet* sous la responsabilité du ministère des Transports lui donnait ainsi une certaine marge de manœuvre qu'il n'aurait pas eue sous le ministère de la Défense nationale. Connaissant les rouages du ministère de la Défense, Wilbert Smith n'avait pas avantage à laisser l'armée prendre le contrôle de ce projet. Il avait vu comment, aux États-Unis, Vannevar Bush et son comité s'étaient saisis de l'affaire, et il voulait éviter à tout prix qu'une telle chose ne se produise au Canada. Smith savait que placer ce genre de projet sous la responsabilité de l'armée voulait dire qu'un niveau de classification très élevé serait instauré et que personne en dehors des hauts gradés militaires n'entendrait jamais parler des découvertes issues de ces recherches. Dans cette structure opaque où le secret règne en maître, l'orientation principale de la recherche aurait été essentiellement militaire et les développements technologiques n'auraient jamais pu être employés dans un contexte civil, du moins pas avant plusieurs décennies.

Le 20 novembre 1950, soit moins d'une semaine après son entretien avec Sarbacher, Smith rencontra le docteur Solandt pour discuter des détails de son projet et obtenir une accréditation de sécurité en lien avec celui-ci. Au cours de cette rencontre, Solandt suggéra à Smith de mettre ce projet sous la gouverne du ministère de la Défense, mais celui-ci refusa avec diplomatie en prétextant vouloir auparavant obtenir des résultats probants :

> J'ai discuté de l'ensemble du projet avec le docteur Solandt, directeur du Conseil de recherches de la Défense (*Defence Research Board*) le 20 novembre et je lui ai donné toute l'information que j'ai été capable de rassembler jusqu'à présent. Le docteur Solandt était d'accord pour que le travail sur l'énergie géomagnétique aille de l'avant aussi rapidement que possible et il m'a offert la coopération complète de son comité en me fournissant l'accès à ses laboratoires, l'acquisition de l'équipement nécessaire et du personnel spécialisé qui pourrait travailler occasionnellement sur ce projet. J'ai indiqué au docteur Solandt que nous préférions garder ce projet sous la responsabilité du ministère des Transports jusqu'à ce que nous ayons obtenu suffisamment d'information nous permettant d'évaluer la valeur des travaux.[16]

Bien que les lignes précédentes suggèrent que Wilbert Smith serait responsable du projet et que celui-ci demeurerait sous les auspices du ministère des Transports, la réalité était que Solandt allait veiller au grain de façon non officielle à partir de son poste au ministère de la Défense. En dépit des apparences, le sujet des soucoupes volantes n'avait rien de nouveau au sein de ce ministère, et au moment du dépôt de la requête de Smith, les officiers supérieurs du ministère de la Défense nationale étaient déjà très au fait de la situation. Ceci est confirmé par les propos tenus dans le mémo du JIC daté du 4 août 1950, lequel atteste que les services de renseignements de l'armée de l'air du Canada se préparaient à enquêter sur de multiples observations « ...de soucoupes volantes qui passent au-dessus du Canada » (figure 1).

Mais après la sortie du mémo de l'USAF (figure 2) disant que :

> ...la continuation du projet est inutile, car les informations additionnelles ne feront que confirmer ce qui a déjà été découvert.

Compte tenu de cette situation, le ministère de la Défense nationale se voyait mal mettre sur pied un nouveau projet d'étude officiel pour clarifier la situation sur les soucoupes volantes alors que les Américains faisaient le contraire. Et pour déterminer l'attitude à adopter au sein de l'armée canadienne à ce sujet, ce mémo dit qu'un officier canadien fut envoyé à Washington pour « ...examiner l'étude spéciale qui avait été écrite en complément du projet.»

Selon cette étude, « ...les observations étaient des phénomènes naturels, des canulars, de l'imaginaire » et l'étude finale concluait qu' « aucun aéronef étranger ou extraterrestre n'était impliqué dans ces incidents ». Ces informations reflétaient l'attitude que l'armée de l'air américaine avait adoptée après la fermeture du projet *Grudge* en 1949, le deuxième projet d'étude de l'USAF sur le phénomène des soucoupes volantes, et précurseur du projet Blue Book.

Malgré ces directives fermes sur l'arrêt définitif de toute enquête officielle du phénomène, une partie du mémo du 4 août 1950 (figure 1), nous indique que l'armée américaine continuait tout de même son investigation sur les soucoupes, mais qu'elle le faisait avec un minimum de publicité :

> La politique actuelle de l'USAF est de minimiser l'importance du sujet, enquêter seulement lorsque cela est considéré nécessaire par le commandant de secteur sans arrangement spécial pour rapporter ou investiguer.[17]

Autrement dit, le sujet était devenu tellement classifié aux États-Unis qu'aucune étude officielle structurée ne devait être mise sur pied afin d'éviter que des informations sensibles se retrouvent en circulation au sein du public. La suite du mémo est encore plus éloquente sur la dissimulation volontaire d'information se rapportant aux soucoupes volantes par les autorités militaires canadiennes, car elle nous apprend que :

> Il semble qu'une politique similaire serait sage de notre part et qu'il serait non essentiel de produire un questionnaire ou de prendre des arrangements pour enquêter, car cela attirerait l'attention sur le sujet. Il est donc suggéré que les rapports d'observation ne devraient pas être sollicités et ceux qui seront faits sur une base volontaire devront être dirigés au DSI pour rétention et actions subséquentes seulement si de telles actions semblent nécessaires.[18]

Cette nouvelle directive de rétention d'information fut donc suivie par l'ensemble des officiers supérieurs de la Défense canadienne et aucun projet d'étude officiel ne vit le jour au sein de cet organisme. L'arrivée de Wilbert Smith dans l'arène ufologique et la mise sur pied de son projet d'étude officiel venaient donc bousculer quelque peu ces dernières directives. À défaut de pouvoir diriger lui-même le projet de Smith à partir du ministère de la Défense, Solandt n'eut d'autre choix que de s'immiscer dans celui-ci afin de suivre attentivement sa progression en créant le projet *Second Story* parallèlement au projet *Magnet* de Smith. Solandt devait également tenir le professeur Vannevar Bush, responsable du comité MJ-12, au fait de toutes avancées significatives de Smith et de son équipe tout au long du projet de recherche. Comme on l'a vu précédemment, le sujet des soucoupes volantes était des plus sensibles, et toute avancée en la matière était considérée comme *secret-défense*.

À cet effet, il semble que la visite de Wilbert Smith du 15 septembre 1950 à Washington D.C. ait réussi à créer tout un émoi parmi les services de renseignements américains. Ces derniers auront tôt fait de convoquer le docteur Solandt afin de clarifier la situation. Dans un mémo secret daté du 3 janvier 1951, on apprend que Solandt s'est rendu à Washington immédiatement après avoir rencontré Smith :

> Je sais que le docteur Solandt était à Washington pour quelque temps récemment, mais je n'ai pas eu la chance de lui parler depuis son retour. Je ne crois pas qu'il ait découvert quoi que ce soit qui ait de l'importance sans quoi il nous en aurait informés. C'est possible que Mr Wright ait été capable de rajouter quelque chose. [19]

Le monsieur Wright dont il est question dans cette correspondance était l'officier de liaison de l'Ambassade canadienne à Washington pour le Conseil de recherches de la Défense. C'est ce dernier qui avait mis Smith en contact avec Solandt pour leur première rencontre. Quant au but véritable du voyage express de Solandt vers Washington, il s'agissait probablement d'éteindre les feux que Smith avait inconsciemment allumés lors de sa visite le mois précédent. Après que les services de renseignements américains aient mis tant d'effort pour minimiser la publicité à propos des soucoupes volantes, on s'attendait à ce que les voisins du nord en fassent autant. Et au sein de la structure canado-américaine du renseignement en lien avec la recherche classifiée, le docteur Solandt était le numéro un au Canada.

De 1947 à 1956, le docteur Omond Solandt était à la tête du *Defence Research Board* et c'est à partir de cette entité canadienne qu'il coordonnait les interactions entre l'armée, l'industrie et les institutions scientifiques du pays. Son poste était équivalent à celui de chef d'état-major et de sous-ministre à la défense, faisant de lui un des plus hauts gradés de l'armée canadienne, et ce, avec tout le pouvoir décisionnel que cela implique.[20] Sous la gouverne américaine et de concert avec leurs services de renseignements, Solandt a maintenu de façon efficace pendant toute la durée de son mandat le secret de la réalité des soucoupes volantes. C'est le docteur Solandt qui, en 1947, avait joint son homologue américain Vannevar Bush dans l'échafaudage de la structure canado-américaine du maintien du secret de l'existence des soucoupes volantes et de leur technologie, à partir de comités militaires de renseignements conjoints. Il est donc fort compréhensible de voir Solandt effectuer de fréquents voyages chez les voisins américains pour leur donner l'heure juste et les rassurer sur l'état de la situation au pays.[21]

Même après que le projet *Magnet* eut été officiellement arrêté en 1954, il semble que ce groupe influent continua de suivre de près l'avancement de certains travaux de Wilbert Smith et de son équipe de scientifiques. Les allusions de Smith sont quant à elles très claires à ce propos :

> J'ai eu quelques-uns de ces événements particuliers amenés à mon attention dernièrement, tellement que je suis sûr que les autorités supérieures surveillent tout ça de près et ceux d'entre nous qui ont le privilège d'accéder à des connaissances avancées doivent les garder confidentielles jusqu'à ce que le bon moment soit venu. [22]

Du début à la fin du projet, et même par la suite jusqu'à son décès en 1962, Smith était conscient que l'issue de ses travaux de recherche en lien avec les soucoupes volantes et tout ce qu'elles représentaient d'un point de vue scientifique était d'une importance capitale pour les autorités supérieures. Mais les membres de ce groupe puissant que l'on suspecte de n'être nul autre que le comité MJ-12 ne faisaient pas que surveiller dans l'ombre les avancées du projet *Magnet*, ces derniers allaient même jusqu'à faire disparaitre toute avancée technologique considérée *secret-défense* selon leur propre standard :

> Soit dit en passant, il semble que les autorités supérieures ne veulent pas que les informations sur la trame du temps se répandent.

> Le Dr Stedman a eu une expérience similaire quand il a essayé de photographier un spectre dans le but de le publier, lequel aurait pu établir la nature de la trame du temps. L'élément rare qu'il a pu ainsi isoler a été subtilisé directement sous son nez. [23]

Ainsi, Smith n'avait ainsi pas toute la marge de manœuvre qu'il aurait souhaitée, mais au moins il avait eu l'accord de Solandt, le plus haut responsable du ministère de la Défense nationale. Cette étape majeure franchie, Smith pourra lui-même diriger son projet s'il réussit à obtenir l'accord de ses supérieurs au ministère des Transports. L'ensemble des arguments et des recommandations de Smith servant à l'établissement du projet *Magnet* sont consignés dans le désormais célèbre mémo de Smith (figures 5,6 et 7).

Le mémo de Smith

On dit de ce document qu'il aurait été déclassifié par erreur, car un autre document existe, le mémo de Wilson (figure 8), lequel est un ensemble de directives se rapportant à la classification des documents du projet *Magnet*. Au point 2 du mémo de Wilson, à propos d'un rapport du projet *Magnet* accompagnant ce mémo, il est mentionné qu' « en aucun temps il ne devrait être rendu public. »[24] L'annotation « *Top Secret* » est effectivement inscrite au haut du mémo de Smith sur le géomagnétisme, indiquant que les renseignements qui y étaient contenus ne pouvaient être vus à une certaine époque que par un nombre très limité de personnes. Sur le haut de la première page du mémo de Smith, il y a une note écrite à la main qui dit : *abaissé à confidentiel- voir le mémo du 15 septembre 1969.* Cette note faisait donc référence au mémo de Wilson (figure 8) et la personne qui a écrit cette note voulait s'assurer que les directives soient suivies à la lettre. Toutefois, en 1977, l'ufologue canadien Arthur Bray découvrit l'existence du mémo de Smith dans le lot de documents déclassifiés qu'il a obtenu après avoir fait appliquer la Loi sur l'accès à l'information. Les informations contenues dans ce document font bien évidemment référence à la rencontre que Wilbert Smith a eue avec le docteur Sarbacher lors de son voyage à Washington D.C. ainsi que l'état de ses propres recherches dans le domaine de l'électromagnétisme :

> Depuis quelques années, nous avons été engagés dans l'étude des divers aspects de la propagation des ondes radio. L'étendue du phénomène nous a amenés dans le domaine des aurores, des radiations cosmiques, de la radioactivité atmosphérique et du géomagnétisme. Dans le cas du géomagnétisme, bien que nos recherches nous aient appris très peu sur la propagation des ondes radio jusqu'à présent, cela nous a ouvert plusieurs avenues prometteuses que nous pourrions explorer. Par exemple, nous sommes sur le point de trouver un moyen d'utiliser le champ magnétique de la Terre et d'en extraire de l'énergie. [24]

Smith mentionne également et avec le plus grand sérieux du monde que les soucoupes volantes détiendraient une partie de la compréhension d'une technologie basée sur un principe physique inconnu :

> Nous croyons que nous sommes sur la piste de quelque chose qui pourrait nous mener vers une nouvelle technologie. L'existence d'une technologie différente est apparue lors de notre investigation qui est menée actuellement en relation avec les soucoupes volantes. [25]

Même si les références de Smith d'une relation possible entre les soucoupes volantes et son projet d'étude scientifique peuvent surprendre, surtout de la part d'un homme de science s'adressant à ses supérieurs, les informations de la partie suivante auront quant à elles probablement contribué à donner à ce mémo la classification *top secret* en raison de la quantité de renseignements sensibles qu'elles contiennent :

Deux livres ont été publiés alors que j'étais à Washington pour assister au congrès du NARB, un intitulé *"Behind the Flying Saucer"* de Frank Scully et l'autre *" The Flying Saucer are Real"* de Donald Keyhoe. Les deux livres traitent majoritairement des observations d'objets non identifiés et dans les deux livres on mentionne que les objets volants sont d'origine extraterrestre et doivent être des vaisseaux spatiaux provenant d'autres planètes. Scully affirme que les études préliminaires d'une soucoupe qui serait tombée dans les mains du gouvernement américain indiquaient qu'elle fonctionnait à partir de principes magnétiques inconnus. Il m'apparait évident que notre propre travail sur le géomagnétisme est le lien entre notre technologie et la technologie avec laquelle les soucoupes fonctionnent. Si nous considérons que nos recherches actuelles sur le géomagnétisme vont dans la bonne direction, la théorie du fonctionnement des soucoupes s'enligne avec toutes les particularités observées.

J'ai fait une enquête discrète en passant par le personnel de l'Ambassade canadienne à Washington qui a pu obtenir les informations suivantes :

a. Le sujet est de la plus haute confidentialité pour le gouvernement des États-Unis, plus secret même que la bombe H.

b. Les soucoupes volantes existent.

c. Leur mode de fonctionnement est inconnu, mais des efforts intenses sont faits par un petit groupe dirigé par le Dr Vannevar Bush.

d. L'ensemble de la question est considéré par les autorités américaines comme étant d'une importance capitale. [26]

Il n'est pas surprenant de voir qu'au sujet de l'ufologie historique, ce mémo figure parmi les plus importants. En premier lieu, il résume très bien la situation concernant l'implication du gouvernement américain dans la dissimulation des informations sur la récupération de vaisseaux extraterrestres. Et en second lieu, il informe sur l'existence d'un groupe de recherche dirigé par le docteur Bush qui étudiait secrètement leur mode de fonctionnement. Toutefois, l'aspect qui intéressait au plus haut point les supérieurs de Smith était la possibilité d'utiliser une nouvelle source d'énergie méconnue et omniprésente, laquelle pourrait être employée dans le secteur des transports aériens. Le potentiel est énorme pour le ministère des Transports, le développement d'une nouvelle technologie qui utiliserait une source d'énergie illimitée quasi gratuite pouvant ouvrir les portes de l'espace. Mais en dépit de ce potentiel prometteur, Wilbert Smith suggère qu'au départ la totalité du projet soit classifiée afin de mesurer au préalable les conséquences possibles d'une telle technologie sur notre société :

> ...le magnétisme peut détenir la clef d'une nouvelle et importante technologie. Conséquemment, il est prévu de classifier ce travail dans sa totalité jusqu'à ce que le temps soit venu d'en mesurer son impact sur notre civilisation. [27]

Le contrôleur des Télécommunications, Charles Peter Edwards, alors supérieur immédiat de Wilbert Smith, accepta l'ensemble des recommandations de Smith, et en décembre 1950 le projet *Magnet* fut donc lancé avec un niveau de classification secret. Smith profita de l'accalmie des Fêtes de Noël pour structurer son projet et en détailler les différentes étapes. Il prit contact avec différentes personnes de l'extérieur pour les informer de la mise sur pied de ce nouveau projet de recherche :

> Incidemment, notre programme est maintenant officiel au sein du ministère des Transports et est connu comme étant le projet *Magnet*. Il est classifié secret jusqu'à ce que le temps soit venu d'en décider autrement. Le docteur Solandt a exigé que nous respections totalement la classification des États-Unis à ce sujet. [28]

À cette date, Wilbert Smith avait obtenu une habilitation de sécurité suffisamment élevée pour être en mesure de donner son avis sur les informations pouvant être dévoilées au grand public concernant les soucoupes volantes. À cet effet, Smith eut comme première tâche la révision d'un article de Donald Keyhoe se rapportant au mode de propulsion des soucoupes volantes et au nouveau projet de recherche canadien. Smith prit la liberté de réécrire une partie de l'article, après quoi il l'envoya au docteur Solandt pour vérification. Mais en dépit de toutes ces précautions pour ne pas enfreindre la classification de certaines parties du projet, le mot final revenait au docteur Vannevar Bush :

> ...après quoi je comprends que Keyhoe allait le présenter au docteur Bush pour confirmation. Je ne sais pas quelle sera la réaction du docteur Bush concernant le matériel contenu dans la majeure partie de l'article et de mes révisions, mais sa réaction sera certainement intéressante... [29]

À la lumière de ces informations, il est donc très facile de voir que le docteur Bush était le supérieur hiérarchique de la classification des données se rapportant aux ovnis, et ce, autant aux États-Unis qu'au Canada. Ceci n'empêcha toutefois pas Smith de mettre énormément d'effort pour tenter de découvrir les secrets du géomagnétisme et du mode de propulsion des soucoupes volantes grâce au projet *Magnet*.

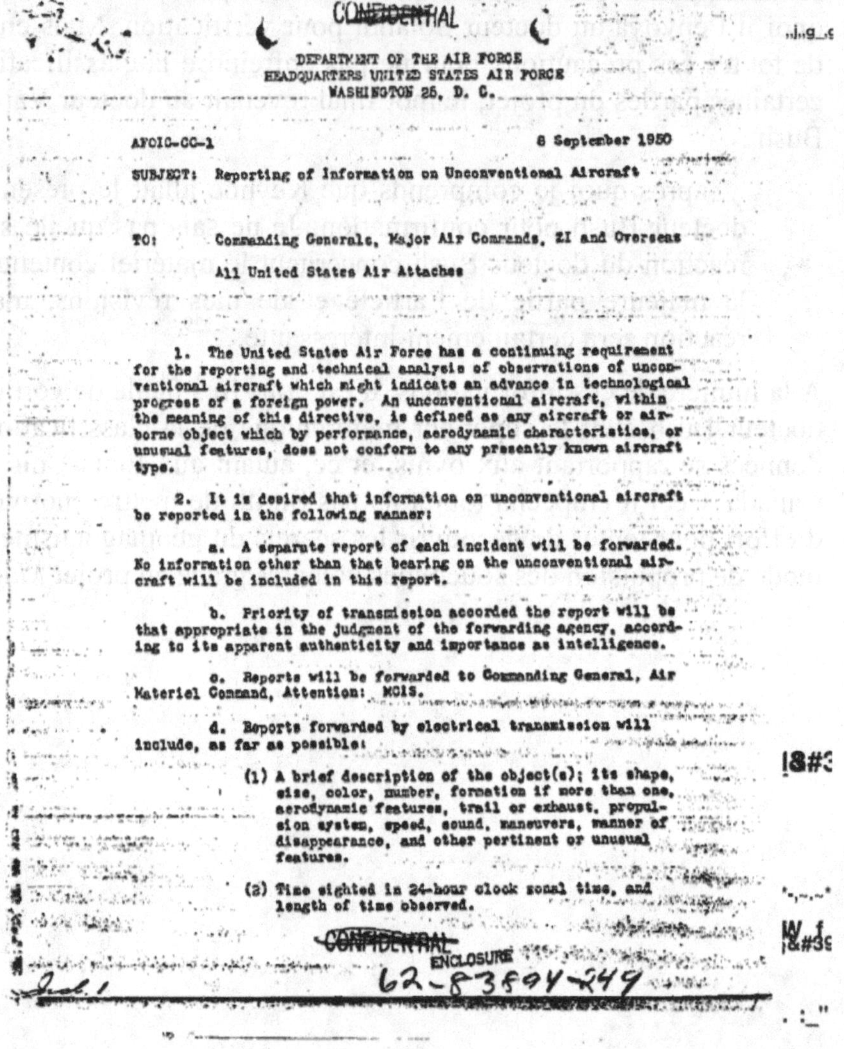

Figure 4.Mémo du major-général C.P. Cabell, 8 septembre 1950.

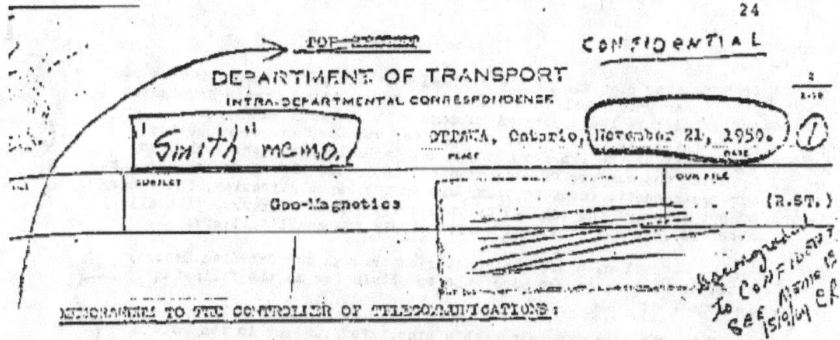

MEMORANDUM TO THE CONTROLLER OF TELECOMMUNICATIONS:

For the past several years we have been engaged in the study of various aspects of radio wave propagation. The vagaries of this phenomenon have led us into the fields of aurora, cosmic radiation, atmospheric radio-activity and geo-magnetism. In the case of geo-magnetics our investigations have contributed little to our knowledge of radio wave propagation as yet, but nevertheless have indicated several avenues of investigation which may well be explored with profit. For example, we are on the track of a means whereby the potential energy of the earth's magnetic field may be abstracted and used.

On the basis of theoretical considerations a small and very crude experimental unit was constructed approximately a year ago and tested in our Standards Laboratory. The tests were essentially successful in that sufficient energy was abstracted from the earth's field to operate a voltmeter, approximately 50 milliwatts. Although this unit was far from being self-sustaining, it nevertheless demonstrated the soundness of the basic principles in a qualitative manner and provided useful data for the design of a better unit.

The design has now been completed for a unit which should be self-sustaining and in addition provide a small surplus of power. Such a unit, in addition to functioning as a 'pilot power plant' should be large enough to permit the study of the various reaction forces which are expected to develop.

We believe that we are on the track of something which may well prove to be the introduction to a new technology. The existence of a different technology is borne out by the investigations which are being carried on at the present time in relation to flying saucers.

While in Washington attending the NARB Conference, two books were released, one titled "Behind the Flying Saucer" by Frank Scully, and the other "The Flying Saucers are Real" by Donald Keyhoe. Both books dealt mostly with the sightings of unidentified objects and both books claim that flying objects were of extra-terrestrial origin and might well be space ships

Figure 5. Mémo de W. Smith, 21 novembre 1950, p.1.

2 -

25

from another planet. Scully claimed that the preliminary studies of one saucer which fell into the hands of the United States Government indicated that they operated on some hitherto unknown magnetic principles. It appeared to me that our own work in geo-magnetics might well be the linkage between our technology and the technology by which the saucers are designed and operated. If it is assumed that our geo-magnetic investigations are in the right direction, the theory of operation of the saucers becomes quite straightforward, with all observed features explained qualitatively and quantitatively.

I made discreet enquiries through the Canadian Embassy staff in Washington who were able to obtain for me the following information:

a. The matter is the most highly classified subject in the United States Government, rating higher even than the H-bomb.

b. Flying saucers exist.

c. Their modus operandi is unknown but concentrated effort is being made by a small group headed by Doctor Vannevar Bush.

d. The entire matter is considered by the United States authorities to be of tremendous significance.

I was further informed that the United States authorities are investigating along quite a number of lines which might possibly be related to the saucers such as mental phenomena and I gather that they are not doing too well since they indicated that if Canada is doing anything at all in geo-magnetics they would welcome a discussion with suitably accredited Canadians.

While I am not yet in a position to say that we have solved even the first problems in geo-magnetic energy release, I feel that the correlation between our basic theory and the available information on saucers checks too closely to be mere coincidence. It is my honest opinion that we are on the right track and are fairly close to at least some of the answers.

Mr. Wright, Defence Research Board liaison officer at the Canadian Embassy in Washington, was extremely anxious for me to get in touch with Doctor Solandt, Chairman of the Defence Research Board, to discuss with him future investigations along the line of geo-magnetic energy release.

.... 3

Figure 6. Mémo de W. Smith, 21 novembre 1950, p.2.

- 3 -

26

I do not feel that we have as yet sufficient data to place before Defence Research Board which would enable a program to be initiated within that organization, but I do feel that further research is necessary and I would prefer to see it done within the frame work of our own organization with, of course, full co-operation and exchange of information with other interested bodies.

I discussed this matter fully with Doctor Solandt, Chairman of Defence Research Board, on November 20th and placed before him as much information as I have been able to gather to date. Doctor Solandt agreed that work on geo-magnetic energy should go forward as rapidly as possible and offered full co-operation of his Board in providing laboratory faciliti and offered full co-operation of his Board in providing laboratory faciliti acquisition of necessary items of equipment, and specialized personnel for incidental work in the project. I indicated to Doctor Solandt that we woul prefer to keep the project within the Department of Transport for the time being until we have obtained sufficient information to permit a complete assessment of the value of the work.

It is therefore recommended that a PROJECT be set up within the frame work of this Section to study this problem and that the work be carried on a part time basis until such time as sufficient tangible result: can be seen to warrant more definitive action. Cost of the program in its initial stages are expected to be less than a few hundred dollars and can be carried by our Radio Standards Lab appropriation.

Attached hereto is a draft of terms of reference for such a project which, if authorized, will enable us to proceed with this research work within our own organization.

(W.B. Smith)
Senior Radio Engineer

WBS/cc

Figure 7. Mémo de W. Smith, 21 novembre 1950, p.3.

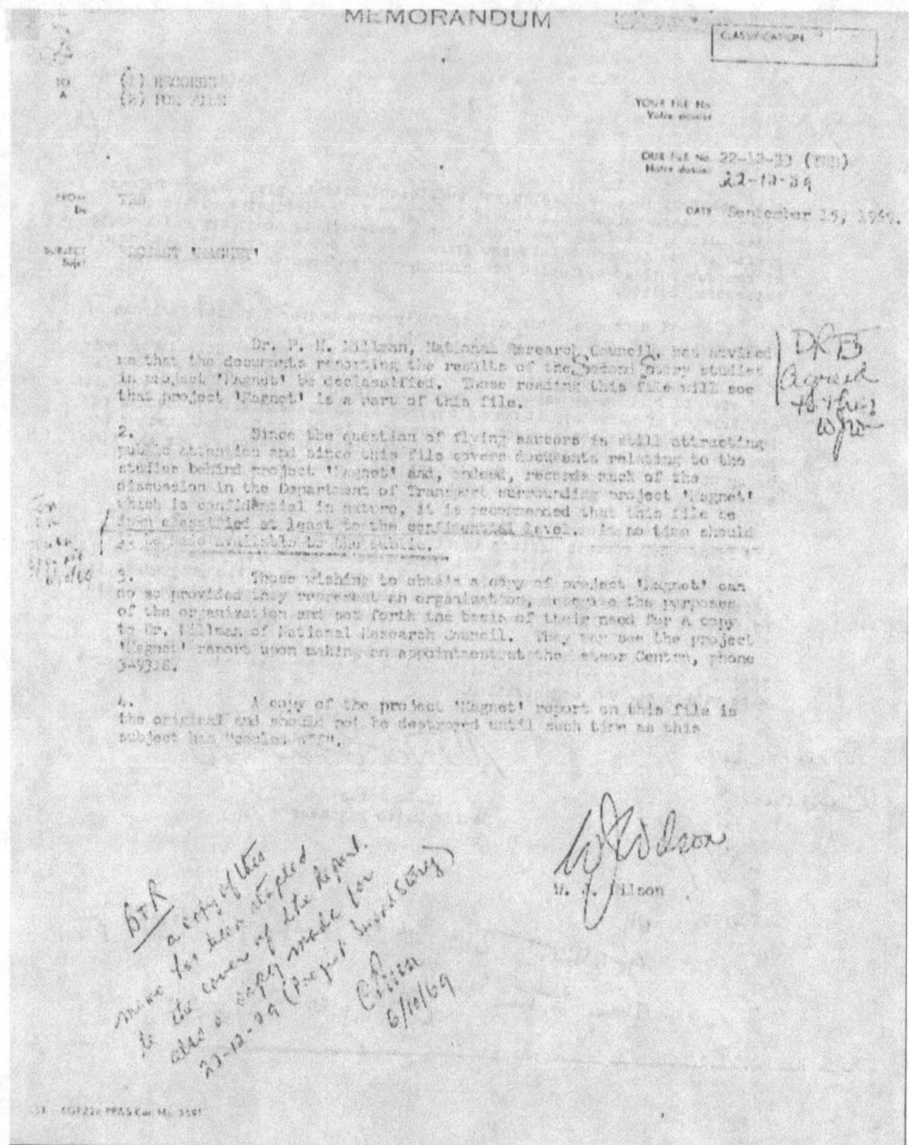

Figure 8. Mémo de Wilson sur la classification des documents du projet *Magnet,* 15 septembre 1969.

Les accords canado-américains en matière de défense et de renseignements

Les traités BRUSA – 1943, UKUSA -1946 et CANUSA - 1949

En avril 2017, des documents *top secret* se rapportant à une entente canado-américaine en matière de renseignements ont été déclassifiés sous la Loi d'accès à l'information. La demande adressée au Centre de la sécurité des télécommunications du Canada (l'équivalent canadien de la NSA) fut à l'origine de la sortie de deux documents prouvant l'existence d'une entente secrète entre le Canada et les États-Unis sur le partage de renseignements classifiés provenant des communications électroniques (COMINT).[30] Lesdits documents sont une preuve du Traité CANUSA (Canada-US Agreement) dont l'existence faisait partie des nombreuses rumeurs au sein des historiens du renseignement.[31]

Le premier document est une lettre de quatre pages datée du 27 mai 1949 écrite par le directeur du CRC, le comité de recherche sur les communications du Canada (l'ancêtre du CST) à son homologue américain le major-général Cabell. Ce document *top secret* est une proposition détaillant en dix-huit points les différents arrangements provenant de dix-huit mois de négociation entre le CRC et l'USCIB (l'ancêtre de la NSA aux États-Unis) relativement aux échanges d'informations provenant des renseignements issus de l'écoute électronique. L'existence même de cette coopération canado-américaine en matière de renseignements extérieurs était hautement confidentielle tel qu'on peut le voir dans l'extrait suivant :

> Le USCIB et le CRC s'engagent à ne pas révéler l'existence d'aucun de ces arrangements, même en termes les plus généraux, à toute personne n'étant pas impliquée conformément à cette politique de sécurité, et seulement à ceux qui, en vertu de leurs fonctions officielles, requièrent de telles informations.[32]

Quant au deuxième document, il s'agit de la réponse du major-général Cabell de l'USAF au directeur du CRC l'informant de l'acceptation totale des termes de la proposition (figure 9). L'autre chose intéressante à savoir sur cette entente, c'est que les

---

TOP SECRET COPSE

WASHINGTON, D. C.

29 June 1949

Mr. G. G. Crean
Chairman
Communications Research Committee
Ottawa, Canada

Dear Mr. Crean:

Your letter of 27 May 1949 was received and presented to USCIB at its regular meeting on 17 June 1949.

I am pleased to advise you of the acceptance, by USCIB, of the proposals set forth in your letter.

For the members of our Board, I wish to express the highest hope that the agreed arrangements will prove satisfactory and mutually beneficial to our future efforts in this field.

FOR THE UNITED STATES COMMUNICATIONS INTELLIGENCE BOARD:

/s/ C. P. Cabell
C. P. CABELL
Major General, USAF
Chairman

Figure 9. Réponse du major-général Cabell à M. Crean, 29juin 1949.

renseignements issus de l'écoute électronique ne provenaient pas du Canada ni de ses alliés, mais d'ailleurs dans le monde. Ceci implique que déjà à l'époque existait un réseau de surveillance mondiale des communications électroniques. C'est ce qui transpire d'un rapport daté de l'an 2000 publié pour le Parlement européen :

> Le Canada collabore avec certains de ses plus proches et plus anciens alliés pour l'échange de renseignements extérieurs... Ces pays et les agences responsables dans chacun d'entre eux sont les États-Unis (*National Security Agency*), le Royaume-Uni (*Government Communications Headquarters*), l'Australie (*Defence Signals Directorate*), et la Nouvelle-Zélande (*Government Communications Security Branch*). [33]

Ces cinq pays qui collaborent sur l'échange de renseignements extérieurs sont les *Fives Eyes*, ces derniers utilisent un réseau de surveillance mondiale, nommé ECHELON, lequel existerait de façon officielle depuis la signature du traité UKUSA (United-Kingdom United-States Agreement) en 1946, mais existerait depuis la Deuxième Guerre mondiale dans les faits. Le traité CANUSA fait suite aux traités BRUSA de 1943 et UKUSA de 1946. [34]

Quant à ECHELON, il s'agit d'un réseau de surveillance globale qui repose sur l'utilisation de satellites-espions, d'immenses stations d'écoute situées aux quatre coins du monde, de stations d'interception camouflées dans certaines ambassades et de sous-marins (Pine Gap en Australie est la plus connue de ces stations d'écoute). Le réseau ECHELON permet de traiter et d'enregistrer toute l'information issue des télécopies, des courriels et des communications électroniques grâce à de puissants ordinateurs. [35]

C'est à titre de directeur du renseignement central (DCI) que le général Hoyt S. Vandenberg, entame des négociations entre l'Angleterre et les États-Unis dans le partage d'informations extérieures issues de la surveillance des communications en 1946. [36]

Le général Vandenberg est réputé pour avoir été responsable de la surveillance des communications électroniques lors du *crash* de Roswell en juillet 1947. À l'époque, le but de cette surveillance était de déterminer qui était au courant de l'incident, pour faire taire rapidement tous les témoins directs et éviter que la nouvelle s'ébruite et devienne hors de contrôle. Le général Vandenberg serait également un des premiers membres du comité secret MJ-12 formé en septembre 1947 sous les auspices du Conseil de sécurité nationale. Il aurait aussi donné l'ordre de détruire *l'Estimation de la Situation*, un rapport d'un comité d'étude de l'armée de l'air sur les ovnis favorable à la thèse extraterrestre (le projet *Sign*). Pour ce qui est du major-général Cabell, son successeur, il aurait mis au rancart la procédure de collecte d'information JANAP 146 en 1948 et à contribué à l'ouverture du projet *Blue Book* en 1952 (projet d'étude officielle de l'armée de l'air sur les soucoupes volantes, fermé définitivement en 1969). Ceci est tout à fait normal de voir les plus hauts gradés des services de renseignements être directement impliqués dans des opérations en lien avec les soucoupes volantes étant donné que celles-ci faisaient (et font encore partie) des plus hauts niveaux de classifications du domaine des renseignements.

Autre chose intéressante à savoir au sujet des services de renseignements se spécialisant dans les signaux électroniques (SIGINT), c'est que ceux-ci surveillent également tous les signaux de l'espace dont les informations semblent être d'origine extraterrestre. En juillet 1999, un mémo de sept pages faisant état de plusieurs projets top secret du gouvernement américain, dont ceux en lien avec les activités du comité MJ-12 et de la NSA fut envoyé à l'ufologue Timothy Cooper par un informateur anonyme. Une partie de ce document nous apprend que :

> Le MJ-12 provient de la fusion de deux projets du Pentagone; MAJESTIC et JEHOVAH, lesquels étaient supervisés par douze institutions militaires, scientifiques et de renseignements sous le département de la Défense, en somme le MJ-12. Tous les noms de codes avaient une classification au-dessus de *TOP SECRET* et se retrouvaient dans une classification appelée LE PLUS SECRET.

> Au départ, MAJESTIC était un comité gouvernemental mis sur pied par Harry S. Truman pour regarder la possibilité de

contacts extraterrestres et pour détecter des signaux non terrestres grâce à la création de la NSA. [37]

Au cours d'une entrevue télévisée qu'il a donnée en 1961 à la chaîne CJOH, Wilbert Smith a répondu à plusieurs questions de l'animateur. Une de celles-ci faisait référence à des communications qui semblaient avoir eu lieu entre des humains et des extraterrestres :

Question de l'animateur: - Vous avez sous-entendu que des communications ont eu lieu et continuent d'avoir lieu entre ces personnes de l'espace et des gens de cette planète. Pouvez-vous nous dire comment cela est fait?

Réponse de Wilbert Smith: - Certaines de ces communications ont eu lieu face à face, mais je n'ai pas eu cette chance. D'autres communications se sont faites à l'aide de radios conventionnelles et j'ai reçu quelques messages de cette façon. Mais la très grande majorité des communications sont faites par ce que nous appelons « transmission par faisceau tenseur » (*Tensor Beam transmission*), laquelle utilise un type de radio avec lequel nous sommes vaguement familiers et qu'il m'est difficile de décrire maintenant. Ainsi, les images mentales que la personne veut transmettre sont captées, amplifiées électriquement et modulées dans le faisceau tenseur, lequel est dirigé vers la personne à qui la transmission est adressée, à l'intérieur du cerveau où on veut que les images soient reproduites. Les transmissions sont par conséquent très précises, et indépendantes du langage. J'ai eu quelques expériences avec ces transmissions et je peux dire qu'elles ne sont comme aucune expérience conventionnelle terrestre. [38]

Si ces informations s'avèrent être vraies, ce dont je n'ai pas de raison de douter, il n'est pas surprenant qu'une très grande partie des activités de ces agences de renseignements demeurent secrètes aujourd'hui. Même en invoquant la Loi d'accès à l'information, les documents provenant des agences des *Fives Eyes* telles que la NSA ou le CST sont soit inaccessibles ou fortement caviardés lorsqu'ils sont déclassifiés et remis au public. Il y a donc encore beaucoup d'information à l'intérieur de ces agences de renseignements qui sont hautement confidentielles, et ce, malgré le fait que plusieurs décennies sont passées depuis la publication de certains de ces documents.

Il est vrai cependant que certaines personnes travaillant pour ces agences n'ont aucune idée qu'une partie des informations qu'elles collectent se rapporte à une éventuelle présence extraterrestre ainsi qu'à des communications ou des contacts potentiels. La structure du renseignement est telle, qu'elle permet la compartimentation de l'information en couches distinctes selon le niveau d'accréditation des personnes travaillant dans ces agences. Ceci est un des atouts majeurs permettant à une poignée d'individus de connaître véritablement l'état de la situation planétaire tandis que la majorité vaque à ses occupations sans avoir la moindre idée de ce qui se passe réellement. Un des indices majeurs quant à cette compartimentation de l'information provient des documents mis en circulation en juin 2013 par le lanceur d'alerte Edward Snowden, un ancien employé de la NSA et ancien analyste de la CIA.

Edward Snowden et les documents de la NSA

La figure suivante (figure 10) est un schéma dont le contenu ne devait pas être déclassifié avant 2029, et est tiré d'un des milliers de documents mis en circulation par Snowden en 2013. On peut y voir clairement six différents niveaux de classification de l'information. L'information non classifiée accessible au public se situe au bas de la pyramide sous cinq autres niveaux de classification. Le niveau *top secret*, qui est l'avant-dernier niveau avant d'atteindre le haut de la pyramide, est celui dont les informations sont accessibles à certains membres des *Fives Eyes*. Malgré le fait que des membres des *Fives Eyes* aient un accès supérieur au reste de la population et même à certains membres élus du gouvernement, ceux-ci n'ont pas accès aux informations classifiées au-delà de *top secret* (*core secret/special access program*). La majorité des gens œuvrant sous la gouverne du réseau *Sentry Eagle* avant la fuite de Snowden n'avaient aucune idée de l'existence d'un niveau supérieur à *top secret*. Ce dernier niveau d'accès aux informations, identifié dans le schéma comme étant ECI/SAP (*Especially Controlled Information and Special Access Program*) était réservé à une poignée d'individus du gouvernement américain et à de puissants individus jouant un rôle clé dans l'échiquier mondial.[39]

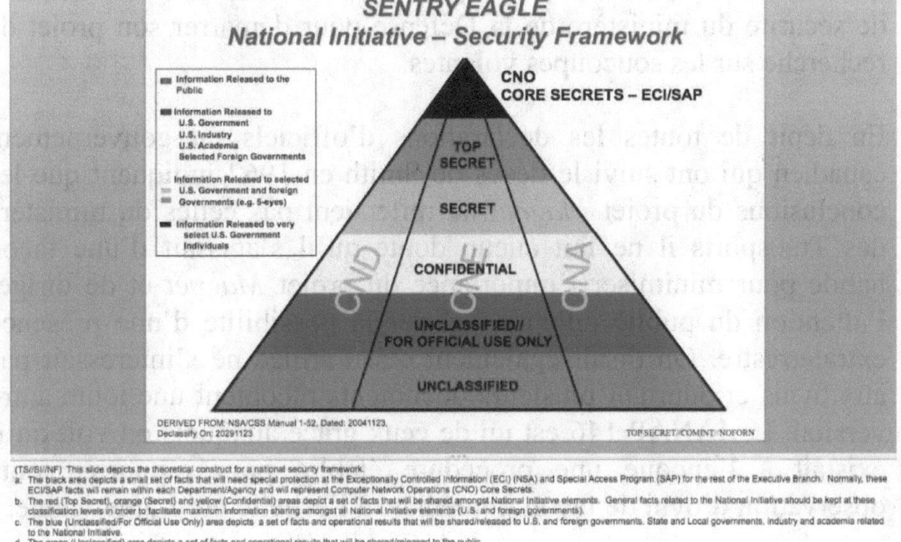

Figure 10. Schéma explicatif des différents niveaux de classification.[40]

Parmi d'autres documents mis en circulation par Snowden en 2013 ayant un lien potentiel avec les ovnis, figure une présentation PowerPoint de cinquante pages publiée par le GCHQ (l'équivalent britannique de la NSA) intitulée *L'Art de la déception*. Cette présentation avait été faite pour former plus de 150 agents du *Joint Threat Research Intelligence Group* (JTRIG) et 500 analystes de niveau 1 du GCHQ. On retrouve dans cette présentation PowerPoint les étapes pour infiltrer tout type de plateforme de communication internet tel que les sites web, les réseaux sociaux, les médias alternatifs, pour les empêcher par tous les moyens possibles d'accéder et/ou de partager des informations classifiées. Étant donné que les ovnis figurent en tête de liste des informations sensibles, on comprend bien en prenant connaissance de ce document que la communauté ufologique est une des premières à être ciblée par cette formation classée *top secret*.[41]

41

Wilbert Smith était probablement très bien placé de par sa position d'ingénieur en télécommunications pour avoir accès aux nombreux secrets qui erraient en coulisses. C'est d'ailleurs pour cette raison qu'il ne semble pas avoir eu de problème à obtenir une accréditation de sécurité du ministère de la Défense pour démarrer son projet de recherche sur les soucoupes volantes.

En dépit de toutes les déclarations d'officiels du gouvernement canadien qui ont suivi le décès de Smith en 1962 indiquant que les conclusions du projet *Magnet* ne reflétaient pas celles du ministère des Transports il ne fait aucun doute qu'il s'agissait d'une façon habile pour minimiser l'importance du projet *Magnet* et de diriger l'attention du public ailleurs que sur la possibilité d'une présence extraterrestre. On disait également que l'armée ne s'intéressait pas aux ovnis et pourtant plusieurs documents racontent une toute autre version. Le JANAP 146 est un de ceux grâce auxquels on voit qu'il existait à l'époque une procédure établie pour rapporter toute observation d'ovni de façon immédiate à l'échelle nord-américaine.

La publication JANAP 146

Le JANAP 146 pour *Joint Army-Navy Air Force Publication* est une publication du département américain de la Défense servant à donner des instructions à du personnel civil et militaire sur la façon de rapporter rapidement des observations d'aéronefs, de missiles, de sous-marins et de vaisseaux ennemis sur l'ensemble du territoire nord-américain (figure 11). Publiée pour la première fois en 1948, la publication JANAP 146 a subi plusieurs modifications au cours du temps. En 1950, la procédure CIRVIS fut intégrée dans la publication et les objets volants non identifiés furent ajoutés à la liste de catégories d'observations à rapporter.[42] Le Canada fut intégré au JANAP et dans le système de rapport d'observations vitales CIRVIS en 1959 après plus de trois ans de négociation avec les Américains quant aux termes de la procédure (figure 12).[43]

Chapitre I

JANAP 146 ( )

CHAPTER I

GENERAL DESCRIPTION AND PURPOSE OF COMMUNICATION
INSTRUCTIONS FOR REPORTING
VITAL INTELLIGENCE SIGHTINGS

101. PURPOSE

The purpose of this publication is to provide uniform instructions for reporting of vital intelligence sightings and to provide communication instructions for the passing of these intelligence reports to appropriate military authorities.

102. SCOPE

a. This publication is limited to the reporting of information of vital importance to the security of the United States of America and Canada and their forces, which in the opinion of the observer, requires prompt defensive and/or investigative action by the US and/or Canadian Armed Forces.

b. The procedures contained in this publication are provided for:

    (1) US and Canadian civil and commercial aircraft.

    (2) US and Canadian government and military aircraft other than those operating under separate reporting directives.

    (3) US and Canadian merchant vessels operating under US and Canadian registry.

    (4) US and Canadian government and military vessels other than those operating under separate reporting directives.

    (5) All other US and Canadian vessels including fishing vessels.

    (6) Military installations receiving reports from civilian or military land based or waterborne observers unless operating under separate reporting directives.

1-1

UNCLASSIFIED   -1-   Enclosure

Figure 11. Publication JANAP-146.

Contexte de l'établissement du projet *Magnet*

La procédure CIRVIS-MERINT

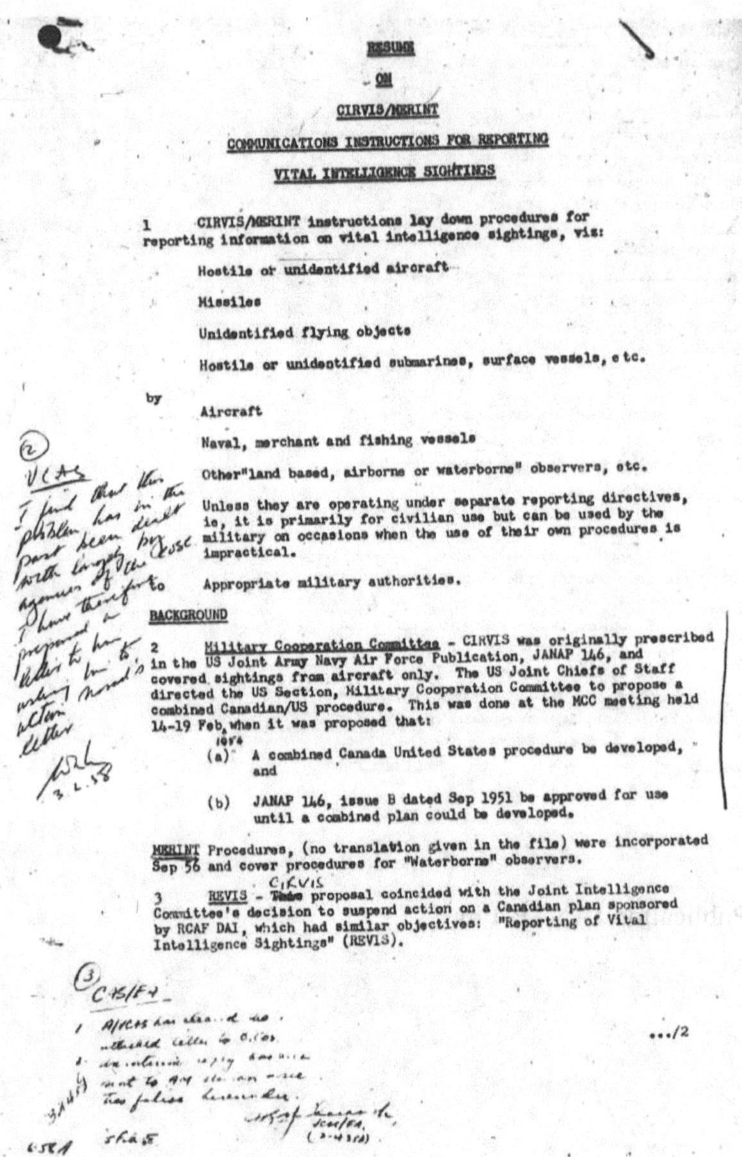

RESUME

ON

CIRVIS/MERINT

COMMUNICATIONS INSTRUCTIONS FOR REPORTING

VITAL INTELLIGENCE SIGHTINGS

1   CIRVIS/MERINT instructions lay down procedures for
reporting information on vital intelligence sightings, vis:

Hostile or unidentified aircraft

Missiles

Unidentified flying objects

Hostile or unidentified submarines, surface vessels, etc.

by

Aircraft

Naval, merchant and fishing vessels

Other "land based, airborne or waterborne" observers, etc.

Unless they are operating under separate reporting directives,
ie, it is primarily for civilian use but can be used by the
military on occasions when the use of their own procedures is
impractical.

Appropriate military authorities.

BACKGROUND

2   Military Cooperation Committee - CIRVIS was originally prescribed
in the US Joint Army Navy Air Force Publication, JANAP 146, and
covered sightings from aircraft only. The US Joint Chiefs of Staff
directed the US Section, Military Cooperation Committee to propose a
combined Canadian/US procedure. This was done at the MCC meeting held
14-19 Feb, when it was proposed that:

(a)   A combined Canada United States procedure be developed,
       and

(b)   JANAP 146, issue B dated Sep 1951 be approved for use
       until a combined plan could be developed.

MERINT Procedures, (no translation given in the file) were incorporated
Sep 56 and cover procedures for "Waterborne" observers.

3   REVIS - This proposal coincided with the Joint Intelligence
Committee's decision to suspend action on a Canadian plan sponsored
by RCAF DAI, which had similar objectives: "Reporting of Vital
Intelligence Sightings" (REVIS).

...../2

Figure 12. Document explicatif sur la procédure CIRVIS-MERINT.

En 1951, une affiche générique (figure 13) a été publiée par le ministère de la Défense nationale, et devait être distribuée au personnel militaire et civil susceptible d'être confronté à des observations d'importance vitale pour la sécurité du Canada et des États-Unis (parmi les civils, on comptait les pilotes d'avion de ligne ainsi que le personnel des navires marchands). On voit à l'extrême droite du point 2 de cette affiche que les objets volants non identifiés faisaient partie des catégories d'observations ayant une importance vitale. Le but de ces instructions, était de rapporter en temps réel ces observations qui demandaient en premier lieu des mesures défensives immédiates, et en second lieu, des démarches d'investigation pour connaître ce qui avait été observé.[44]

Toutes les informations en lien avec la publication JANAP et la procédure CIRVIS étaient hautement classifiées. Un extrait de la version de 1951 fait état de leur confidentialité :

SÉCURITÉ 209. MILITAIRES ET CIVILS.

(a) Toute personne prenant connaissance du contenu ou de l'existence d'un rapport CIRVIS sont sous la Loi des communications de 1934, de ses amendements et de la Loi sur l'espionnage.

(b) Les rapports CIRVIS contiennent des informations affectant la Défense nationale des États-Unis au sens de la Loi sur l'espionnage 18 U.S. Code 793 et 794. La transmission non autorisée ou révélation du contenu des rapports CIRVIS de quelque façon que ce soit est interdite.[45]

FOR EARLY WARNING IN DEFENCE OF THE NORTH AMERICAN CONTINENT

CIRVIS-MERINT REPORTING PROCEDURE

1. MESSAGE IDENTIFICATION

(a) Reports made from airborne and land-based sources will be identified by CIRVIS (pronounced SUR-VEES) as the first word of the text.

(b) Reports made by waterborne sources will be identified by MERINT (pronounced MUR-ENT) as the first word of the text.

2. WHAT TO REPORT

Report immediately all airborne and waterborne objects which appear to be HOSTILE, are UNIDENTIFIED or are acting suspiciously.

Submarines, surfaced or partly submerged.

Surface warships positively identified as not Canadian or U.S. Other ships or boats acting suspiciously.

Aircraft or vapour trails which appear to be directed against Canada, the United States, their territories or possessions.

Guided Missiles

Unidentified Flying Objects or unidentified objects in the water.

3. SEND TO ANY

Canadian Military Establishment,
RCMP Post,
Department of Transport or Fisheries Representative,
Hudson's Bay Company Northern Radio-Equipped Store, or
The nearest open Canadian Telegraph Office. (By telephone if necessary.)
Use the quickest possible means to make your report.

4. SEND THIS KIND OF MESSAGE

(a) Begin your message with the word "CIRVIS" or "MERINT" as applicable.
(b) Give the identification of the observer, aircraft or vessel making the report.
(c) Describe briefly the objects sighted.
(d) Indicate where and when the objects were sighted.
(e) If objects are airborne, estimate altitude as "low", "medium", "high".
(f) Give direction of travel of sighted objects.
(g) Estimate and give speed of sighted objects.
(h) Give other significant information.

5. SEND IMMEDIATELY

DO NOT DELAY YOUR REPORT DUE TO INCOMPLETE INFORMATION.

NOTE

There are no charges to the originator in the handling of CIRVIS or MERINT messages.

Authorized by Department of National Defence
Authorized for display in Post Offices by the Postmaster General

Figure 13. Affiche CIRVIS-MERINT publiée par le ministère de la Défense nationale.[46]

Chapitre I

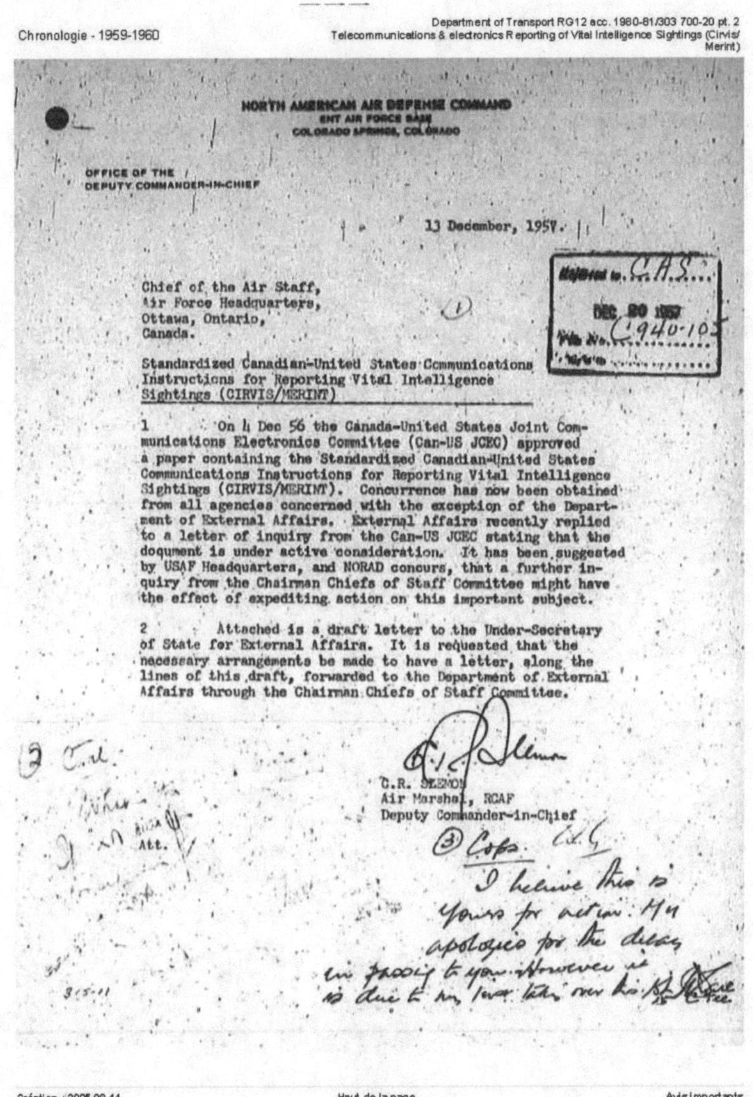

NORTH AMERICAN AIR DEFENSE COMMAND
ENT AIR FORCE BASE
COLORADO SPRINGS, COLORADO

OFFICE OF THE
DEPUTY COMMANDER-IN-CHIEF

13 December, 1957.

Chief of the Air Staff,
Air Force Headquarters,
Ottawa, Ontario,
Canada.

Standardized Canadian-United States Communications
Instructions for Reporting Vital Intelligence
Sightings (CIRVIS/MERINT)

1   On 4 Dec 56 the Canada-United States Joint Communications Electronics Committee (Can-US JCEC) approved a paper containing the Standardized Canadian-United States Communications Instructions for Reporting Vital Intelligence Sightings (CIRVIS/MERINT). Concurrence has now been obtained from all agencies concerned with the exception of the Department of External Affairs. External Affairs recently replied to a letter of inquiry from the Can-US JCEC stating that the document is under active consideration. It has been suggested by USAF Headquarters, and NORAD concurs, that a further inquiry from the Chairman Chiefs of Staff Committee might have the effect of expediting action on this important subject.

2   Attached is a draft letter to the Under-Secretary of State for External Affairs. It is requested that the necessary arrangements be made to have a letter, along the lines of this draft, forwarded to the Department of External Affairs through the Chairman Chiefs of Staff Committee.

C.R. SLEMON
Air Marshal, RCAF
Deputy Commander-in-Chief

Figure 14. Mémo du NORAD sur la procédure CIRVIS-MERINT.[47]

CHAPITRE II
LA 1ère PHASE DU PROJET *MAGNET*
Révision des théories sur l'électromagnétisme

> Durant l'été de 1949, alors que je tenais compagnie à des gens travaillant sur des recherches dans le domaine magnétique dans le désert de Mojave, j'ai rencontré un homme de science qui était vu par ses pairs comme étant le plus grand spécialiste dans le domaine magnétique des États-Unis. Il avait été désigné pour diriger une division d'experts scientifiques durant la Guerre. Leur travail n'a jamais été rendu public… Inutile de dire que tout cela était en lien avec le magnétisme. C'est ce même homme qui nous a tout raconté sur l'histoire de la première soucoupe volante qui avait atterri aux États-Unis. [1]

L'extrait précédent tiré du livre de Frank Scully, contient des informations qui ont certainement dû contribuer à motiver Wilbert Smith dans sa recherche sur le géomagnétisme et des liens qu'il y avait avec les soucoupes volantes, car comme on l'a vu précédemment, on sait que Smith a lu ce livre et a discuté de son contenu avec le docteur Sarbatcher lors de sa visite à Washington D.C. en septembre 1950. Ce sont justement certaines des informations qu'il a obtenues de la lecture de ce livre qui pousseront Smith à interroger Sarbatcher sur la question des soucoupes volantes. Quant aux réponses de Sarbatcher, celles-ci serviront à guider Smith dans la création du projet *Magnet* quelques mois plus tard.

De décembre 1950 à juillet 1952, Wilbert Smith et son équipe ont passé en revue l'ensemble des théories existantes du domaine de l'électromagnétisme en tentant d'adapter ces connaissances aux données provenant des observations de soucoupes volantes (certaines de ces théoriesdataient déjà de quelques siècles à l'époque). Le but était de comprendre les principes physiques sur lesquels s'appuyait le mode de fonctionnement de ces objets inconnus pour en reproduire la technologie. Smith partagea régulièrement les avancées de ses recherches sous forme de rapports détaillés. Avant même le début des premières expériences, Smith était arrivé à la conclusion qu'il devait approfondir l'étude de la théorie électromagnétique existante, dont les avenues inexplorées pourraient mener vers une nouvelle technologie :

> Cependant, il y a certains doutes que c'est à l'intérieur des aspects méconnus et peu explorés du magnétisme que se cache la clef d'une nouvelle et importante technologie. [2]

La première phase du projet *Magnet* fut ainsi essentiellement consacrée à des études théoriques ainsi qu'à des tests en laboratoires se rapportant à l'électromagnétisme. La problématique de base était que pour réussir à tirer de l'électricité d'un champ magnétique et l'utiliser comme source d'énergie, cela impliquait une révision de l'ensemble des équations existantes dans le domaine de l'électromagnétisme. Les idées de départ étaient donc purement spéculatives et n'avaient comme références que des rapports d'observation décrits par des témoins n'ayant pour la plupart du temps aucune véritable connaissance scientifique.

> Le grand nombre d'observations d'objets non identifiés, généralement appelés " soucoupes volantes ", soulève la question à savoir si de tels objets sont les émissaires de quelques autres civilisations ayant une technologie différente de la nôtre, et possiblement plus avancée dans le domaine magnétique. La quantité limitée d'information disponible concernant les soucoupes volantes est un sérieux handicap dans l'évaluation des caractéristiques de cette technologie potentielle. [3]

Percer ce mystère comportait donc une charge de travail énorme et c'est d'ailleurs pour cette raison que Smith tenta d'obtenir le plus de spécialistes possible pour l'aider dans l'accomplissement de cette tâche. Son groupe de recherche à temps plein fut ainsi composé de trois ingénieurs et de deux techniciens. Ceux-ci devaient concentrer leurs efforts dans la recherche d'un puits et d'une source à l'intérieur d'un champ magnétique. Selon l'hypothèse de Smith, il devait nécessairement y avoir un lieu d'entrée et de sortie dans un champ magnétique, à partir desquels l'électricité pouvait être puisée. Étant donné la nature des travaux, et voulant réduire les coûts au minimum, Smith dut recourir aux installations et à l'équipement du

Conseil national de recherches à Ottawa. Le Conseil de recherches de la Défense fournissait également différentes ressources tout au long du projet. À peine ses premières expériences commencées, il rencontra certaines difficultés qui lui ont fait prendre conscience des limites de la science électromagnétique de l'époque, laquelle ne semblait pas adaptée pour imiter les prouesses de vol des soucoupes volantes observées par de nombreux témoins. Smith évoqua que le manque de connaissance du phénomène viendrait des lacunes des différentes théories en usage.

La première partie de ses recherches fut donc consacrée à découvrir l'origine de ces lacunes, lesquelles devraient obligatoirement se retrouver dans les équations qui supportent ces théories. Smith consacrera ainsi les deux premières années à travailler sur l'ensemble des équations se rapportant aux théories électromagnétiques.

Les travaux de Smith sur le géomagnétisme n'étaient pas une nouveauté de la science, mais bien la continuation d'une recherche s'étendant sur plusieurs siècles. En 1600, le scientifique britannique William Gilber, publie *De Magnete,* un ouvrage divisé en six volumes dans lesquels sont consignées ses observations ayant trait au géomagnétisme. Afin de reproduire ses expériences à l'échelle humaine, Gilbert sculpte une petite sphère à partir d'un morceau de magnétite dont l'orientation d'une aiguille aimantée qu'il passe à sa surface l'aidera à confirmer ses prédictions : « la Terre elle-même est un aimant géant. »[4]

D'un point de vue physique, la Terre se comporte effectivement comme un dipôle, un énorme aimant avec deux extrémités aux polarités différentes. L'une étant positive (pôle Nord magnétique[*]) l'autre étant négative (pôle Sud magnétique). La polarité de la charge indique le sens de déplacement des flux qui, dans le cas de la Terre, entrent au pôle Nord géomagnétique pour sortir au pôle Sud géomagnétique (figure 15).

[*]À ne pas confondre avec le pôle Nord géomagnétique qui, par convention, est orienté approximativement dans le même sens que le pôle Nord géographique.

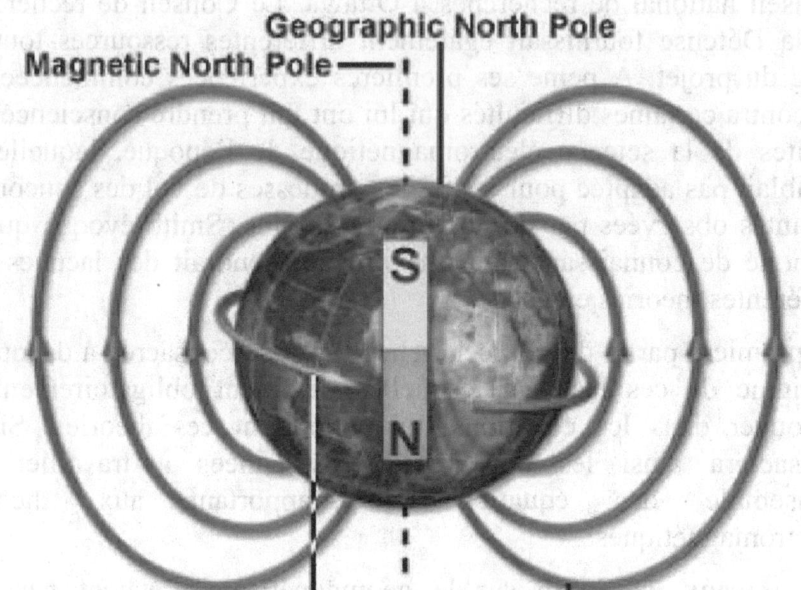

Figure 15. Les lignes d'induction du champ magnétique terrestre.[5]

C'est en partie en raison de la propriété conductrice des matériaux compris au sein de la structure interne de la Terre que sont produits les effets responsables du champ magnétique de celle-ci. Des mouvements de convection du fer liquide présent dans le noyau externe généreraient la circulation des courants électriques nécessaires à l'établissement du champ géomagnétique. Il y a donc un lien étroit entre l'électricité et le magnétisme qui, bien qu'ils soient différents, sont toujours en interrelation entre eux.

Cette relation fut démontrée expérimentalement en 1820 par Hans Christian Ørsted, physicien et chimiste suédois. Un peu plus tard, soit en 1831, Michel Faraday, physicien et chimiste britannique, observa qu'en plus de leur relation entre eux, il était possible de produire de l'électricité à partir d'un champ magnétique.[6]

C'est à partir des recherches de ses précurseurs, dont Faraday faisait partie, que James C. Maxwell établit une série de vingt équations connues aujourd'hui sous le nom d'équations de Maxwell. Ces équations serviront à faire la démonstration mathématique des travaux précédents issus de différentes théories dans le domaine de l'électromagnétisme et de les réunir ensemble. Il réussit également à améliorer les théorèmes existants, et ses corrections permettront d'observer que les ondes électromagnétiques circulent en boucle et que les champs magnétiques se propagent sous forme d'ondes se déplaçant à la vitesse de la lumière. Maxwell écrit dans un article en 1864 :

> L'accord des résultats semble montrer que la lumière et le magnétisme sont deux phénomènes de même nature et que la lumière est une perturbation électromagnétique se propageant dans l'espace suivant les lois de l'électromagnétisme.[7]

En dépit du fait que ses équations permirent de résoudre de nombreux problèmes théoriques, ces dernières ne pouvaient expliquer le moyen de transport des ondes. Il émit alors l'hypothèse de l'existence d'une matrice universelle à laquelle il donna le nom d'éther. Cet éther devait donc pouvoir soutenir les ondes dans leur déplacement partout dans l'univers. Wilbert Smith arriva sensiblement aux mêmes conclusions que Maxwell quant à la possibilité de l'existence d'un champ électromagnétique universel, qu'il décrit comme suit :

> Les faits observés de la fragmentation des atomes en particules plus petites nous amènent à considérer la possibilité de l'existence d'un seul constituant unique à partir duquel tous les atomes sont construits. Un tel constituant élémentaire devrait, nécessairement, démontrer toutes les propriétés observables de la matière. Notamment, la charge électrique, le moment magnétique, l'attraction gravitationnelle et l'équivalence masse/énergie.[8]

Gravité et électromagnétisme

Les observations de Gilbert en 1600 sur la proximité des pôles géomagnétiques et géographiques l'amenèrent à penser que le magnétisme de la Terre pouvait être à l'origine de sa rotation sur elle-même. Cette idée fut reprise dans les années cinquante par le physicien britannique et Prix Nobel, Patrick M. Blackett. Lui aussi voyait un lien étroit entre magnétisme et rotation, mais son hypothèse était que le géomagnétisme est une conséquence de sa rotation et que tout objet en rotation devait se magnétiser. Les expérimentations subséquentes sur divers corps en rotation exclurent cette possibilité.[9]

Isaac Newton, également, prit en compte la rotation des planètes dans l'élaboration de ses équations sur la gravitation universelle entre 1665 et 1685. Tout comme Maxwell, il chercha à unifier plusieurs lois émises par ses prédécesseurs, mais cette fois-ci dans le domaine de la gravité. Sa théorie tiendra compte entre autres de la vitesse de rotation d'un corps sur lui-même, de sa vitesse de déplacement relativement à d'autres corps, de la distance entre eux, et de leur masse respective. Malgré ce tour de force incroyable, Newton rencontra toutefois le même problème que Maxwell en ce qui a trait au moyen de transport de la force gravitationnelle et à sa nature instantanée sous-entendue dans sa théorie. Michel Faraday tentera plus tard de pallier cette lacune en introduisant la notion de champ de force. Une structure présente dans l'Univers sous forme de potentiel latent dont les effets dans l'espace ne se produiraient qu'au contact d'un corps à partir d'une distance x. Cette nouvelle idée règlera pendant un certain temps la problématique occasionnée par le rayon d'action infini de la force gravitationnelle proposée par la théorie de Newton.[10]

En dépit des équations décrites par Newton quelques siècles avant nous pour identifier la gravité comme étant une force à part entière, elle est plutôt vue aujourd'hui comme étant l'expression d'une force sous-jacente. C'est pour cette raison d'ailleurs que la gravitation est reléguée au rang d'« interaction » au même titre que l'électromagnétisme.

Constatations et hypothèses de Wilbert Smith sur le géomagnétisme

Dans son étude du géomagnétisme, il semble que Wilbert Smith ait été en mesure de faire plusieurs constatations intéressantes, c'est du moins ce qu'on peut conclure des extraits suivants, tirés d'un rapport du projet *Magnet* daté de juillet 1952 :

> À partir des concepts conventionnels de l'électricité et du magnétisme, une grande quantité d'énergie réside dans le champ magnétique de la Terre et il est possible que cette énergie puisse être pompée afin de fournir la force motrice des soucoupes. Cependant, nos investigations jusqu'à présent ont démenti cette possibilité en raison des faits suivants :
>
> a) Ce que nous observons comme étant le champ de la Terre est le résultat d'une myriade de champs indépendants, lesquels sont entièrement séparés et indépendants.
>
> b) Il y a un doute considérable à savoir si l'énergie magnétique réside dans le champ lui-même ou dans le déplacement des particules primordiales, ou dans les vecteurs électriques à l'origine du champ.
>
> c) L'utilisation d'un champ magnétique existant comme source d'énergie implique l'existence d'un puits magnétique à l'intérieur duquel ce champ peu s'écouler, relâchant son énergie pendant le processus. Nos études ont démontré qu'un tel puits ne peut probablement pas exister selon les concepts actuels de l'électricité et du magnétisme.
>
> d) Les équations de Maxwell semblent rudimentaires et, après enquête, elles semblent avoir une signification particulière en lien avec l'établissement et la propagation des champs. Ces équations permettraient l'existence de quelque chose d'équivalent à un puits magnétique, seulement sous certaines assertions en rapport avec la structure des particules élémentaires. [11]

Nous sommes donc confrontés à certains faits concernant les soucoupes et ces faits semblent nous orienter vers une toute nouvelle technologie ou vers une extension substantielle de notre technologie actuelle. Notre technologie est déduite à partir de l'existence d'une quantité de particules élémentaires formant les briques construisant la matière. Ces particules sont généralement dénommées atomes. [12]

Par conséquent, l'endroit logique pour une différence est à l'échelle atomique, où, apparemment, nous devons postuler différents types de structures et modèles jusqu'à ce que nous tombions sur ce qui expliquerait ou s'imbriquerait dans les découvertes expérimentales et en même temps permettrait une ligne de raisonnement pour expliquer le phénomène des soucoupes. [13]

Dans cette approche, nous sommes confrontés à deux grands problèmes. L'un d'eux étant l'impossibilité pour l'humanité d'observer la nature microscopique de la matière par n'importe quel moyen direct et, le deuxième, la totale insuffisance des mathématiques humaines qui ne servent à rien d'autre qu'à régler des problèmes physiques élémentaires. [14]

La grande découverte d'Albert Einstein

Plusieurs similitudes entre la gravité et l'électromagnétisme donnèrent l'idée au célèbre physicien Albert Einstein que ces deux interactions puissent avoir une origine commune et qu'il serait possible de les unifier sous une seule et même équation. En 1905, au cours de ses recherches dans le domaine de la physique théorique, il annonça sa théorie de la relativité restreinte dans laquelle il postule que rien ne peut aller plus vite que la lumière. Tentant d'incorporer ce nouveau paramètre aux équations de Newton, Einstein se buta au fait de l'instantanéité de la force gravitationnelle. Il était en effet très difficile de réunir, sous forme d'équation mathématique, une force s'appliquant instantanément (la gravité) à une autre, limitée par la vitesse de la lumière (l'électromagnétisme). De plus, si d'un point de vue physique la théorie de la gravité est valable pour des corps se déplaçant lentement, elle devient totalement incompatible lorsque la vitesse de ces mêmes corps est accélérée dans des valeurs s'approchant de celles de la lumière.

Einstein a toutefois tenu compte de la relation étroite entre matière et énergie, qu'il exprima dans cette formule célèbre : $E=mc^2$, où l'énergie est égale à la masse d'un objet multiplié par la vitesse de la lumière au carré. Affirmant donc implicitement que l'énergie est contenue dans la masse intrinsèque d'une particule. Einstein dut donc se résoudre à ignorer les équations de Newton dans sa modélisation théorique, car selon celles-ci, l'énergie qui est contenue dans une particule ne l'est que sous forme d'énergie cinétique. Vers 1915, il avança que la gravitation n'est pas une force en tant que telle, mais bien l'expression des effets de l'énergie contenue dans la matière sur l'espace-temps.[15]

Afin de régler une fois pour toutes le problème de la vitesse de propagation du champ de force responsable des effets de la gravité et de l'électromagnétisme, Einstein développa l'idée d'un champ unique enveloppant toute chose, à travers lequel s'exercerait la force à l'origine des interactions de base connues de la science de l'époque. C'est ce qu'avait conclu Wilbert Smith également lors de sa révision des théories de l'électromagnétisme. Malgré le fait qu'il est dit qu'Einstein n'aurait jamais réussi à résoudre complètement les équations servant à appuyer sa « Théorie du champ unifié », certains racontent le contraire. Entre autres, bizarrement, la source de cette information est justement le livre de Frank Scully où il cite en annexe une série d'articles de journaux allant de 1947 à 1950.

« Einstein annonce une grande découverte »
Le New York Times, 9 janvier 1950.

Einstein aurait utilisé un type d'équation qui décrirait le fait que la matière et l'énergie ne sont pas différentes. Maintenant le Dr Einstein est allé un peu plus loin. Il a une série d'équations dont il dit qu'elle exprime toutes les relations de l'univers physique. Particulièrement, elle montre la relation entre la gravitation et la force électromagnétique qui nous entoure. [16]

Einstein avait-il vraiment réussi à trouver l'équation réunissant la gravitation et l'électromagnétisme? Et si oui, qu'a-t-on fait de ses travaux? Étant donné qu'Einstein avait déjà travaillé sur plusieurs projets sensibles et hautement confidentiels du gouvernement américain durant la Deuxième Guerre mondiale, il est fort probable que l'issue de cette recherche, si elle existe, ait rejoint les rangs des filières secrètes. Quelle serait la raison d'un tel secret? Il est clair qu'à ce point-ci, on ne peut que spéculer, mais il est toutefois légitime de tenter de répondre à cette question avec ce que nous avons comme éléments. Ceci soulevant une autre question. À qui profiterait la non-divulgation de ce savoir qui, s'il était révélé, permettrait l'exploitation d'une ressource énergétique gratuite et illimitée? Poser la question c'est y répondre, comme diraient certains…

Aujourd'hui, la science reconnait toutefois qu'il est possible de réunir la gravitation et l'électromagnétisme, mais pour que cela soit réalisable, il faudrait remodeler totalement l'ensemble des théories physiques existantes.[17]

C'est ce qu'envisageait de faire Thomas Townsend Brown. Un physicien américain ayant travaillé sur plusieurs projets secrets durant la Seconde Guerre mondiale pour le compte du NDRC et de l'OSRD dirigé par Vannevar Bush (encore lui…). En janvier 1953, Townsend Brown soumet le projet *Winterhaven*, un projet de recherche et développement détaillé au département américain de la Défense.

L'idée de maîtriser et d'obtenir du pouvoir sur l'environnement autour de nous n'a rien de nouveau. De telles idées ont été avancées par le physicien américain Thomas Townsend Brown, qui, au début des années 1920, a fait des expériences dans le domaine de l'antigravité, basées sur sa compréhension qu'un *capaciteur* chargé électriquement tend à se déplacer vers une plaque chargée positivement quand elle est chargée dans les centaines de kilovolts et plus. Brown a soutenu que toute matière est essentiellement une «condition électrique et en fait, on pourrait dire que le corps concret de l'univers n'est rien de plus qu'un assemblage d'énergie qui, en soi, est tout à fait intangible ». Les théories de Brown faisaient écho à celles de Nikola Tesla, dont la découverte, en 1888, du champ magnétique tournant a conduit à la transmission d'électricité en courant alternatif (CA). Tesla prévoyait une énergie gratuite illimitée en puisant simplement dans le champ d'énergie magnétique naturel de la Terre.[18]

Le projet *Winterhaven*

Basé sur la structure du projet Manhattan, celui ayant été à l'origine de la première bombe atomique, le projet *Winterhaven* de Brown devait servir à développer secrètement une toute nouvelle technologie de propulsion dont les principes reposaient sur l'utilisation simultanée de l'électricité et de la gravité appelé réaction *électrogravitaire*. En d'autres termes, il s'agissait d'étudier la physique à partir d'un angle totalement différent en alliant électricité et gravité dans une seule et même équation et en mettant en pratique les résultats obtenus. L'extrait qui suit est tiré d'un document de proposition des promoteurs du projet *Winterhaven* adressé au Département de la Défense des États-Unis :

> Les promoteurs du projet WINTERHAVEN sont convaincus que le développement technique de la réaction *électrogravitaire* entrainerait une ère nouvelle de rapidité et de force motrice ainsi que de nouvelles méthodes révolutionnaires de transport et de communication. Les considérations théoriques prédisent qu'en raison de l'avantage d'une accélération soutenue, de plus grandes limites de vitesse peuvent être obtenues bien au-delà de celles de la propulsion à jet ou à fusée, avec des possibilités pouvant approcher éventuellement celle de la vitesse de la lumière dans l'espace.

> Le moteur qui en sortirait sera essentiellement silencieux, sans vibrations et sans chaleur. À titre de moyen de propulsion en vol, ses potentialités semblent déjà avoir été démontrées à partir d'un modèle en forme de disque, forme qui est idéalement adaptée. Ces modèles développent une poussée linéaire équivalente à celle d'une fusée et peuvent être dirigés dans n'importe quelle direction.

> Les disques ne contiennent aucune pièce mobile et n'ont pas nécessairement d'effet rotatif lorsqu'ils sont en vol. Dans l'air

atmosphérique ils émettent un rayonnement électrique bleu-rougeâtre ainsi qu'un faible sifflement. [19]

Étant donné qu'il était prévu au départ que le projet *Winterhaven* ait une structure semblable au projet *Manhattan*, cela voulait dire essentiellement qu'il serait hautement classifié dès son acceptation et que les fruits de cette recherche iraient à des applications militaires. Il est donc apparent que si un tel projet avait été accepté par la Défense américaine, celui-ci aurait immédiatement été classifié pour que plus personne n'en entende parler. En dépit du peu de preuves existant pour savoir si l'armée américaine a mené à bien le projet de Brown et construit des prototypes de soucoupes volantes à partir des années 50, il est toutefois évident que la science militaire de l'époque était déjà rendue à un autre stade d'évolution technique que celui mentionné dans les livres d'histoire. Du côté de la gravité, on avait mis les équations de Newton dans le placard et l'avenir des nouvelles technologies aérospatiales se retrouvait entre les mains de théoriciens tels que Brown et Einstein, pour ne citer que ceux-là.

Matière = Énergie

Si, comme on l'a vu précédemment, les équations de Newton sont utiles pour envoyer des corps de faibles vitesses (comparativement à celle de la lumière) dans l'espace à partir de la Terre vers d'autres astres, elles rendent toutefois improbables les voyages hors de notre système solaire et encore moins en dehors de notre galaxie. Et avant de s'affranchir de l'effet gravitationnel et de pouvoir voyager dans l'espace intersidéral, il est nécessaire de comprendre la nature des interactions responsables des effets sur la matière tout comme pourraient l'avoir fait certaines espèces avant nous. Dans le livre de Frank Scully, mentionné par Wilbert Smith dans son mémo du 15 septembre 1950, plusieurs extraits donnent à penser que l'auteur était très bien informé de la situation sur l'étude des technologies liées aux soucoupes volantes. L'extrait qui suit a certainement dû contribuer à influencer Wilbert Smith dans la mise sur pied de son projet de recherche sur l'étude du mode de propulsion des soucoupes volantes :

Premièrement, il faut se débarrasser de l'idée que le magnétisme et la gravité sont en compétition l'un envers l'autre. Ils sont une seule et même chose! Quand un objet voyage grâce à la propulsion magnétique, il ne combat pas la force magnétique – à la place, il l'utilise. Qui a dit que les soucoupes n'avaient pas de moyen de propulsion bien à eux? Les ingénieurs faisant de la recherche sur le magnétisme s'accordent pour dire que ceux qui pilotent les soucoupes ont réussi à maitriser la plus grande force propulsive de l'Univers – c'est-à-dire les lignes de force magnétiques. [20]

Lorsqu'avec nos technologies actuelles nous étudions la propriété magnétique des matériaux à grande échelle, on remarque que la densité des matériaux, quelle que soit leur nature, a un effet direct sur le champ géomagnétique. Les masses continentales peuvent donc modifier l'intensité du champ, et ce, sans que les matériaux dont sont constituées certaines régions contiennent de minéraux magnétiques. Cette observation nous conduit à envisager de façon empirique que le magnétisme d'un corps est étroitement lié à sa masse et que la masse ne peut être que l'effet visible d'une force et non pas une force en elle-même. Étant donné que les fondements mêmes de l'existence de la matière reposent sur sa masse, on peut donc supposer que la matière n'existerait pas par elle-même et ne serait que le produit des multiples interactions dynamiques issues d'une seule et unique force primordiale encore mal comprise.

Pour connaître la véritable relation entre la masse des corps et leurs composantes électromagnétiques, il faut se tourner vers un des éléments qui semblent jouer un rôle majeur autant au niveau atomique qu'au niveau astronomique dans l'existence du champ magnétique. Il s'agit de la composante rotationnelle. Nous savons aujourd'hui que la rotation de la Terre sur elle-même produit l'induction de son champ magnétique. De la même façon, mais à une échelle réduite, les particules élémentaires ont également un champ magnétique induit par leur rotation (figure 16).

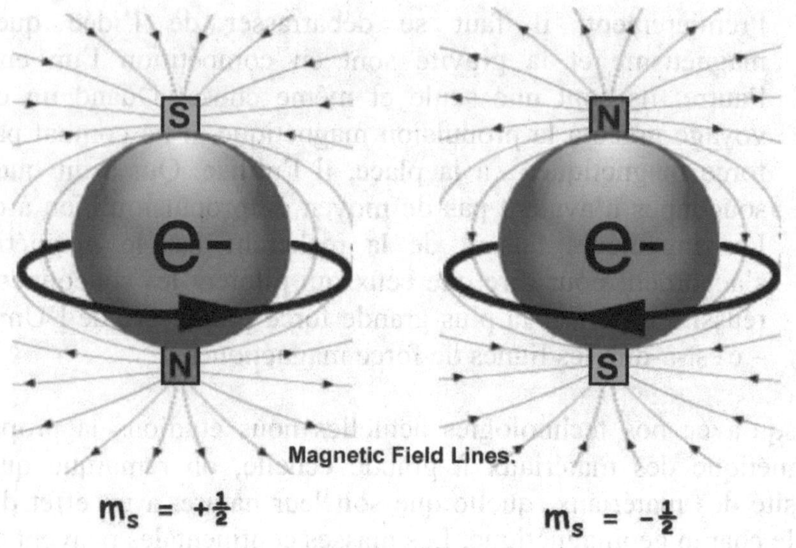

Figure 16. Sens du spin d'un électron et sens de l'induction magnétique.[21]

Le mouvement de rotation couplé à la révolution (déplacement de la Terre autour du Soleil ou de l'électron autour de son noyau) seraient deux paramètres inséparables l'un de l'autre. Mais où est le moteur à l'origine de ce mouvement ? Dans le cas du système solaire, il s'agit du Soleil et dans le cas de l'atome il s'agit du noyau. L'indice de ceci étant la quantité énorme d'énergie contenue à l'intérieur de ceux-ci. En 1908, bien avant que le mouvement rotatif des champs magnétiques soit reconnu par la science, le désormais célèbre inventeur Nikola Tesla disait ceci :

Chaque atome individuel est différencié par un mince fluide, remplissant tout l'espace par un mouvement rotatif, tel un tourbillon d'eau dans un lac calme. Ce fluide en étant mis en mouvement, l'éther devient matière brute. Son mouvement cesse, la substance primaire reprend son état normal [l'immobilisme]. Il semble donc possible pour l'homme, grâce au contrôle de l'énergie à partir de moyens et de dispositifs pouvant démarrer et arrêter ces tourbillons, de causer la formation de matière ainsi que sa disparition. À son commandement, presque sans effort de sa part, d'Anciens

Mondes disparaîtraient et de nouveaux émergeraient à l'existence.[22]

La vision de Tesla sur la manipulation de la densité de la matière était suffisamment en avance sur son temps pour que ses contemporains le prennent pour un illuminé. Quoi qu'il en soit, il est bien possible que ce soit justement sur les principes décrits par Tesla qu'une partie du mode de fonctionnement des ovnis s'explique. Notamment en ce qui a trait à : « …la formation de matière ainsi que sa disparition. » Dans de nombreux cas d'observations d'ovnis, il est fait état régulièrement que ceux-ci peuvent se déplacer à grandes vitesses, mais aussi qu'ils apparaissent de nulle part et disparaissent de la même façon. Il est donc fort probable que certaines des civilisations qui nous rendent visite ont acquis un niveau technologique suffisamment avancé pour maîtriser la matière au point d'en changer sa densité à volonté. Ceci expliquerait également certains cas où des témoins affirment avoir vu des entités extraterrestres traverser les parois d'édifices d'habitations. Mais ceci est un tout autre sujet…

À la lumière de ce qu'on peut lire dans certaines constatations que Wilbert Smith a détaillées dans ses rapports, il semble bien que celui-ci donnait l'impression d'être sur le point de s'approcher de plus en plus d'une compréhension globale de la science de l'électromagnétisme qui lui permettrait de percer les mystères du géomagnétisme pour produire une technologie semblable à celle utilisée par les visiteurs inconnus survolant nos cieux :

Cependant, il appert que pendant l'évolution de notre technologie nous n'avons pas donné suffisamment d'attention à la structure des champs et, par conséquent, nous avons passé par-dessus de nombreux faits intéressants s'avérant probablement utiles. À la lumière des connaissances actuelles, nous pouvons nous reprendre et récupérer ces faits. Si, comme il apparait évident, les soucoupes volantes sont les émissaires d'une quelconque civilisation étrangère, et fonctionnent à partir de principes magnétiques, nous avons devant nous la preuve que nous avons oublié quelque chose dans la théorie magnétique, mais nous avons une bonne indication de la direction vers où regarder pour les parties manquantes. Il est donc fortement recommandé que le travail du projet *Magnet* soit continué et étendu afin d'inclure des experts dans chacun des différents domaines impliqués dans ces études.[23]

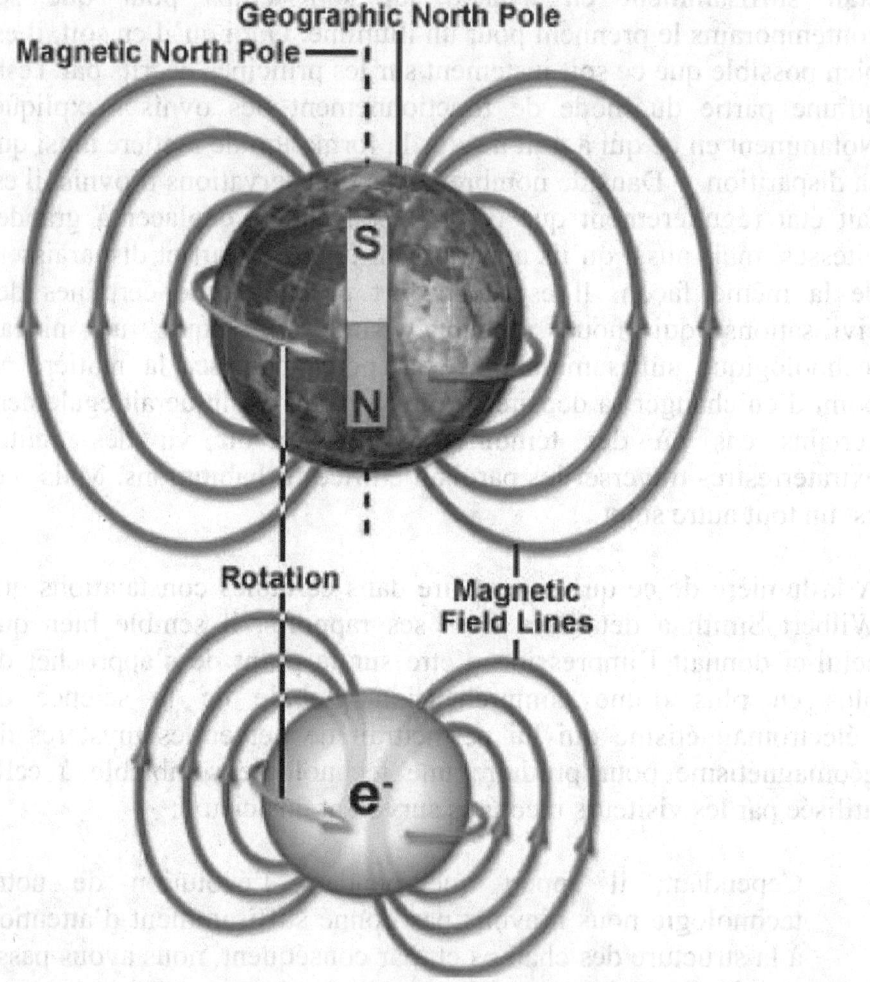

Figure 17. Comparaison entre les lignes d'induction terrestre et celles d'un électron.[24]

Magnétosphère

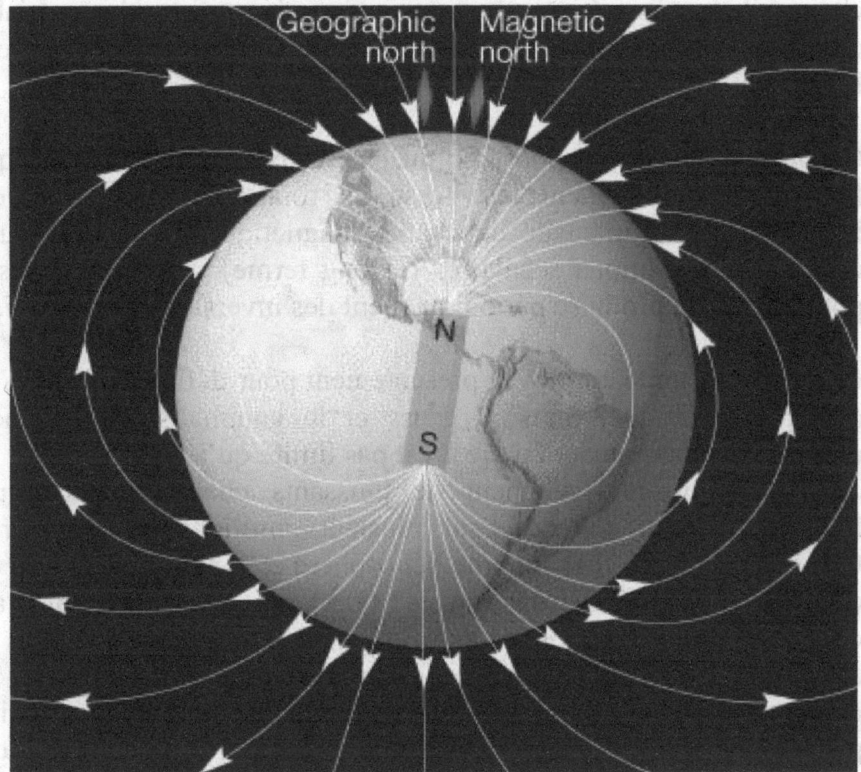

Figure 18. Lignes d'induction géomagnétiques.

Sans que cela soit perceptible par nos sens, nous baignons continuellement à l'intérieur d'un vaste champ magnétique naturel nommé magnétosphère. Diverses propriétés connues sont associées à ce champ de force dont une protection contre les particules chargées provenant du Soleil.[25]

C'est l'effet dynamo causé par l'activité interne de la Terre qui est responsable du phénomène de géo-magnétisation. Étant donné que notre planète subit un déplacement de charge électrique allant d'un pôle à l'autre, il est donc normal qu'elle produise un champ magnétique.

La source première de ce phénomène vient de la composition essentiellement ferreuse et solide de son noyau interne et du déplacement convectif des métaux en fusion de son noyau externe.

Ces éléments réunis ensemble font que notre planète produit un champ électromagnétique continu, mais qui est cependant variable en raison du transfert du moment angulaire entre le noyau externe et le manteau.[26]

Ce phénomène est responsable du changement de déclinaison qui, lui, affecte directement la vitesse de rotation de la Terre, qui intervient dans l'intensité du champ magnétique. Ce dernier subit donc des fluctuations séculaires (à long terme) dans son intensité pouvant même produire périodiquement des inversions de polarité.

Le tesla est l'unité employée présentement pour définir la force d'un champ magnétique, mais le gauss et le gamma sont également utilisés. Le champ magnétique n'est pas limité qu'à notre planète, les étoiles produisent également de puissants champs magnétiques lesquels peuvent s'étendre sur plusieurs millions de kilomètres. Celui de notre Soleil se nomme héliosphère et son rayon d'action est estimé à 100 unités astronomiques* (UA), s'étendant donc bien au-delà de l'orbite de Pluton. Et dans le cas où il serait possible dans un avenir rapproché de développer des engins susceptibles d'utiliser les champs magnétiques ambiants pour se déplacer, serions-nous limités par la magnétopause? Il semblerait que non. Car même au-delà des zones d'influence des champs magnétiques stellaires, il existerait une ressource pouvant servir comme source d'énergie. Il s'agit du plasma spatial issu du rayonnement de l'ensemble des corps célestes contenus dans notre univers visible. Le plasma spatial de par ses caractéristiques uniques qui favorisent l'établissement de frontières définies aurait un potentiel énergétique exploitable dans l'espace. Il serait possible à partir de cette matrice électromagnétique disponible partout dans l'univers de générer des champs électriques à partir desquels des engins spatiaux pourraient se « connecter » en convertissant ces champs sous forme de courant électrique.[27]

*Une unité astronomique correspond environ à la distance moyenne entre la Terre et le Soleil (150 millions de kilomètres).

Wilbert Smith partage ses découvertes

Que ce soit dans sa correspondance abondante ou dans les multiples entrevues qu'il a accordées à des journalistes, Wilbert Smith profitait de chaque occasion qui lui était donnée pour partager autant que possible tout ce qu'il avait appris de son étude sur les soucoupes volantes. Il était un excellent vulgarisateur, car il s'efforçait de partager l'information obtenue de façon à ce qu'elle soit bien comprise par ses interlocuteurs. En dépit de la complexité des informations qu'il partageait, il évitait d'employer des termes compliqués ou du jargon scientifique incompréhensible pour le commun des mortels. On peut voir un exemple de ceci dans le court extrait qui suit, où Wilbert Smith décrit en termes simples un état de la situation des conclusions du projet *Magnet* d'un point de vue de la physique à un correspondant intéressé par le sujet :

> Pour votre information, nous avons exploré abondamment le domaine de la physique de base à la lumière des informations obtenues dans l'étude du phénomène des soucoupes volantes et sommes convaincus que de l'énergie à partir du magnétisme naturel devrait être possible.[28]

Considéré à l'époque comme une véritable sommité dans le domaine de la physique expérimentale, Wilbert Smith fut invité en 1959 à partager ses connaissances à un auditoire de scientifiques de la société des ingénieurs dans le cadre d'une conférence régionale canadienne dans laquelle il a partagé une partie de ce qu'il avait appris de son étude sur le magnétisme. En voici un extrait où l'on apprend que déjà en 1959, les travaux théoriques de Smith sur le géomagnétisme semblaient être assez avancés :

> Nous savons que la gravité n'est pas tout ce que Newton avait visualisé. Loin d'être une force basique par nature, elle est vraiment une fonction dérivée, et est la conséquence de condition dynamique, non pas statique. Nous savons ce qu'il y a dans sa constitution, nous connaissons sa formule et nous avons une assez bonne idée de comment faire pour la contrôler. Nous avons conduit des expériences qui démontrent qu'il est possible de créer de la gravité artificielle (pas la force

centrifuge) et d'altérer le champ gravitationnel de la Terre. Ceci, nous l'avons fait. C'est un fait. La prochaine étape est d'en apprendre les règles et de faire l'ingénierie nécessaire pour convertir le principe en mécanique fonctionnelle. [29]

Les conclusions du premier rapport, janvier 1952

En janvier 1952, Smith soumettra ses premières conclusions dans un court rapport de trois pages. Ce premier rapport, daté du 18 janvier 1952, était divisé en six sections et chacune d'entre elles était en lien avec des études poussées sur différents principes physiques : Considérations théoriques, Établissement d'un champ magnétique, Indépendance d'un champ magnétique, Forces de dérive des électrons, Expériences du puits magnétique et Conclusion. Les équations de Maxwell faisaient office de point de départ dans l'étude des théories existantes étant donné que les recherches de Smith traitaient majoritairement de l'électromagnétisme.

> À titre de point de départ dans les investigations du groupe du projet *Magnet,* il a été convenu que les équations de Maxwell peuvent être seulement un cas spécial d'un ensemble général d'équations et une grande masse de travail théorique fut accomplit, majoritairement sur une base essais et erreurs, afin de déterminer si d'autres termes pourraient être incorporés dans les équations de Maxwell et justifiés d'un point de vue physique, ce qui donnerait des solutions plus englobantes que les solutions conventionnelles. [30]

En d'autres termes, Smith et son équipe s'étaient penchés sur la question des équations de Maxwell avec l'espoir que celles-ci pourraient être modifiées pour les introduire à l'intérieur d'une théorie plus large qui inclurait la possibilité d'extirper efficacement de l'électricité à partir d'un champ magnétique. C'est à partir de certaines faiblesses découvertes à l'intérieur de ces différentes équations que Smith comptait trouver la solution à ce problème.

> Nos études sur les équations de Maxwell ont cependant soulevé certaines questions pour ce qui est de la nature des multiples champs impliqués et de la manière dont ces champs

apparaissent. Les hypothèses généralement acceptées ont été scrutées attentivement et un grand nombre d'inconsistances ont été détectées. Ces inconsistances et leurs investigations expérimentales forment la matière principale de ce rapport. [31]

Dans la première partie du rapport, les propos de Smith demeurent sensiblement en accord avec les théories existantes, mais il semble que sa vision des choses ait changé au cours de ses expériences du puits magnétiques. C'est dans cette section que Smith explique que les bases théoriques de son projet d'étude impliquaient l'existence d'un puits magnétique où une région d'un champ magnétique permettrait la circulation d'un courant. Mais comme ce concept était contraire aux équations de Maxwell, Smith devait donc passer outre ces limites imposées par les anciennes théories scientifiques s'il voulait obtenir des résultats allant dans le sens de ce qu'il observait en laboratoire.

Les conclusions des deux premières années du projet furent que les équations existantes sur l'électromagnétisme ne sont pas parfaites et qu'il existe beaucoup de territoire inexploré dans le domaine de la physique des ondes. C'est dans les zones d'ombre de la science que Smith entendait découvrir les secrets d'un nouveau mode de propulsion. Deux mois après ce premier rapport, Smith publia la synthèse de ses conclusions dans un schéma reflétant l'état du projet ainsi que la direction des recherches qu'il prévoyait entreprendre (figure 19).[32]

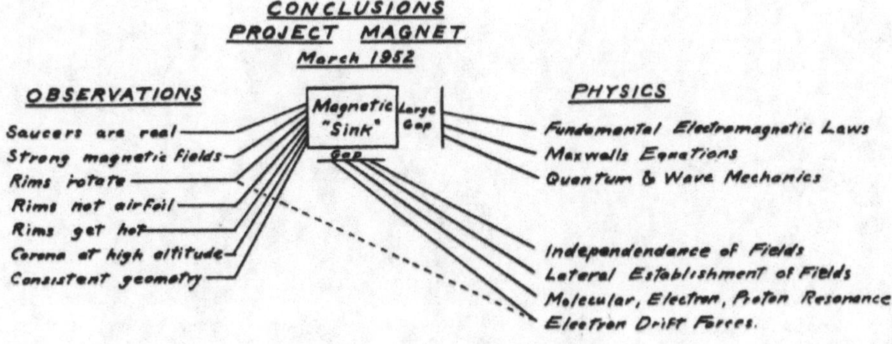

Figure 19. Conclusions du projet *Magnet*, mars 1952.

On peut voir dans ce schéma explicatif que les rapports d'observation d'ovnis ont donné suffisamment d'information pour que les membres du projet soient persuadés de l'existence des soucoupes volantes et que les caractéristiques de leur déplacement soient prises en compte dans l'échafaudage d'une nouvelle théorie scientifique. Afin de vérifier toutes les possibilités sur le mode de fonctionnement de ces engins inconnus, de multiples avenues théoriques furent ainsi considérées. À l'origine du projet, le cœur de la théorie reposait sur l'existence d'un puits magnétique, situé au centre du schéma. Bien que n'ayant toujours pas découvert l'existence d'un tel puits, Smith et son équipe commencèrent tout de même à élaborer leur théorie autour de celui-ci. Mais les nombreux écarts qui existaient entre les lois de la physique moderne et cette hypothèse furent à la source de nombreuses frustrations et n'apportèrent guère de piste de solution.

Malgré ces incohérences, Wilbert Smith restait tout de même convaincu que la solution résidait dans une meilleure compréhension des champs magnétiques, dont celui de la Terre, plus particulièrement. C'est sur la base théorique qu'il était possible de convertir le magnétisme terrestre en énergie exploitable que Smith décida de concentrer ses efforts. Toutefois, il semble qu'en 1952, Smith et son équipe n'étaient pas à court de matériel à étudier, car comme on peut le voir dans des documents provenant de cette époque, l'année 1952 fut particulièrement chargée en termes de rapports d'observation de soucoupes volantes.

CHAPITRE III
LA VAGUE D'OBSERVATIONS D'OVNIS DE 1952

Les ovnis de Washington D.C., juillet 1952

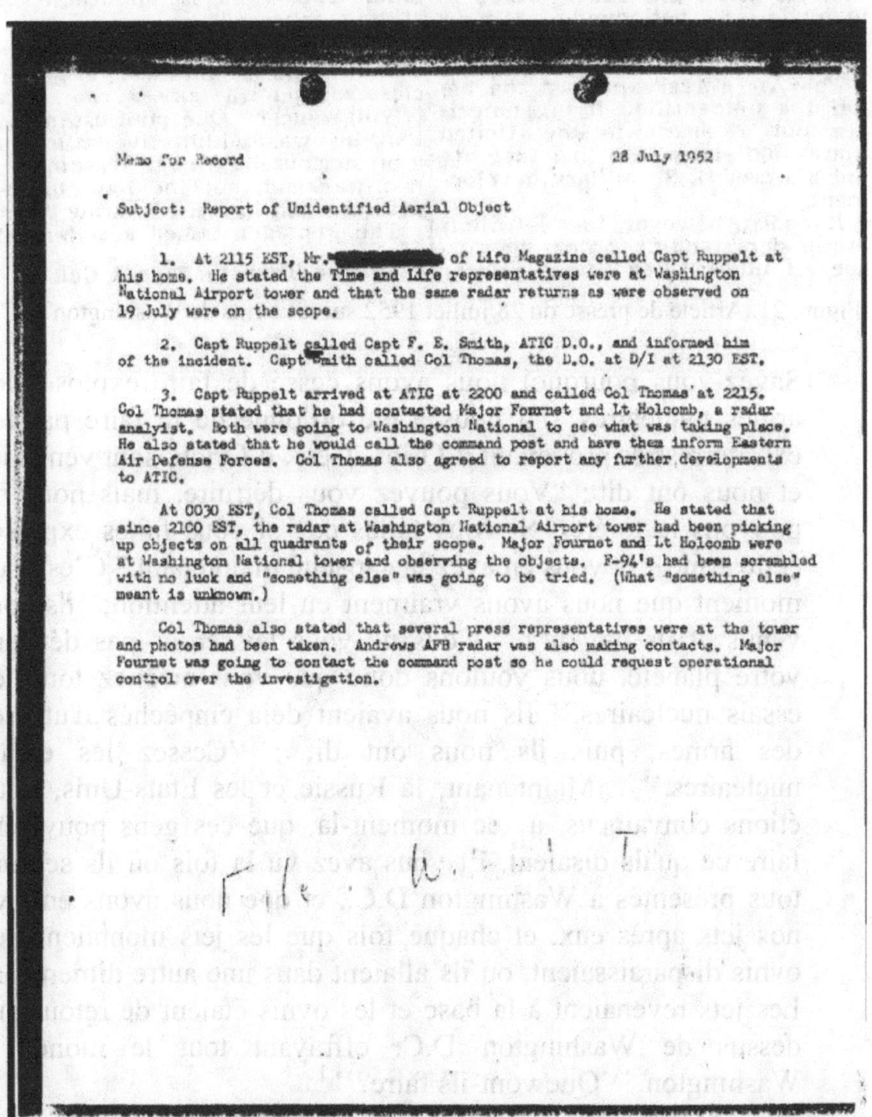

Figure 20. Mémo de l'USAF se rapportant aux ovnis de Washington D.C.

Pilots Ordered to Shoot Down 'Saucers' in Range

WASHINGTON, July 28 —(INS) — The Air Force disclosed today that jet pilots are under orders to maintain a nationwide 24-hour "alert" against "flying saucers" and to shoot them down if possible.

The Air Force expressed the belief the unidentified flying objects are not a threat to the United States and stated also that they are not a secret U. S. military development.

It added, however, that jet pilots are under standing orders to pursue all unidentified flying objects, especially on the eastern seaboard, and, if necessary, force them to land. The alert is applicable to "flying saucers."

The Air Force admitted, however, that no jet pilot has yet gotten close enough to take a shot at a "flying saucer." One pilot estimated that he was within five miles of a mysterious light over Washington last weekend, but the light disappeared when he tried to draw close.

The Pentagon issued a statement

(Please Turn to Page 4 Col. 1)

Figure 21. Article de presse du 28 juillet 1952 sur les ovnis de Washington D.C.

Savez-vous pourquoi nous avons cessé de faire exploser les armes nucléaires ? Il nous a été ordonné de le faire par les extraterrestres provenant d'Orion. Ceux d'Orion sont venus ici et nous ont dit : "Vous pouvez vous détruire, mais nous ne pouvons le tolérer. Si vous faites ça –si vous faites exploser cette arme – et vous en avez la capacité maintenant." C'est à ce moment que nous avons vraiment eu leur attention; ils sont venus et ils ont dit : " Nous ne vous laisserons pas détruire votre planète, nous voulons donc que vous arrêtiez tous les essais nucléaires." Ils nous avaient déjà empêchés d'utiliser des armes, puis ils nous ont dit : "Cessez les essais nucléaires." …Maintenant, la Russie et les États-Unis, nous étions convaincus, à ce moment-là, que ces gens pouvaient faire ce qu'ils disaient. Et vous avez vu la fois où ils se sont tous présentés à Washington D.C., et que nous avons envoyé nos jets après eux, et chaque fois que les jets montaient, les ovnis disparaissaient, ou ils allaient dans une autre dimension. Les jets revenaient à la base et les ovnis étaient de retour au-dessus de Washington D.C. effrayant tout le monde à Washington. "Que vont-ils faire?" [1]

En dépit de l'aspect sensationnel des révélations du sergent-maître Dan Morris relativement aux ovnis de Washington D.C. de juillet 1952, il semble que Wilbert Smith en sa qualité de directeur du projet *Magnet* aurait non seulement été mis au courant de l'incident, mais il aurait également été en mesure d'obtenir des morceaux de débris provenant d'un disque qui aurait été abattu par un avion de chasse de l'armée de l'air des États-Unis. On retrouve cette information dans une lettre adressée à Wilbert Smith par un certain Monsieur Fitch. Ce monsieur Fitch relate dans sa lettre une conversation qu'il a eue au cours d'un dîner avec le contre-amiral Herbert Knowles, le directeur du NICAP de l'époque. Voici un extrait de cette lettre :

> L'amiral Knowles a raconté qu'au moment de l'incident ovni de Washington D.C. de juillet 1952, un des objets, un petit disque, a été abattu par un avion de chasse. Il a explosé lorsqu'il a été touché et des morceaux ont été vus tombant dans un champ agricole de l'autre côté de la rivière en Virginie. Les débris ont été récupérés par l'armée de l'air et l'un d'entre eux vous a été donné pour inspection et analyse. Le contre-amiral Knowles confirme qu'il a manipulé un morceau provenant d'un petit disque, que vous lui auriez montré lors de l'une de vos rencontres. [2]

Outre la lettre de M. Fitch, une autre source d'information vient confirmer que Wilbert Smith aurait bel et bien été mis au courant de certains aspects sensibles et classifiés se rapportant aux incidents de Washington D.C. de juillet 1952 ; il s'agit d'une histoire racontée par l'ufologue canadien Grant Cameron dont voici un extrait traduit :

> L'histoire de Smith et d'une soucoupe volante qui se serait écrasée remonte au début des années 1980. Le chercheur John Musgrave d'Alberta a dit que Buck Buchanan, un associé privé proche de Smith durant ses années post-projet *Magnet* (1954-1961), demeurait près de chez Smith et ce dernier lui racontait des histoires incroyables du temps où il travaillait avec lui. Dans une lettre, Musgrave mentionne l'histoire de Smith qui prétendait qu'au début des années 1950, on l'aurait autorisé à jeter un œil à une soucoupe volante détenue dans une base de l'armée de l'air de Washington D.C. [3]

Aussi intéressante que puisse être l'histoire de Cameron, elle ne dit pas si la soucoupe que Smith avait vue à la base aérienne de Washington D. C. était l'une de celles qui avaient survolé la capitale en juillet 1952, ni comment elle s'était retrouvée là. Un rapport d'observation du ministère de la Défense nationale daté du 6 août 1952 (figure 22), nous apprend que le soir du 19 juillet 1952 (exactement le même jour de l'incident de Washington D. C.), le rapport en question dit qu'un pilote d'avion Waco et son coéquipier ont vu des ovnis en forme de disque se diriger vers le nord à grande vitesse à Stewart Lake au Yukon. S'agissait-il des mêmes vaisseaux quittant les lieux pour ne pas se faire abattre/capturer ? Même si cette observation a été faite à plus de 50000 kilomètres de Washington D.C., la vitesse à laquelle ces objets se déplacent indique que cette observation n'est pas fortuite et peut être liée aux incidents de Washington D.C.. Ce rapport d'observation est une pièce importante du mystère entourant les ovnis de Washington D. C., car en dehors des témoignages sur la question, il s'agit de l'un des rares documents officiels du gouvernement canadien qui s'y rapportent (quoiqu'indirectement).

En avril 2002, Grant Cameron a interviewé James Smith, le fils ainé de Wilbert Smith, et lui a posé des questions à propos de l'histoire racontée par Buchanan. James Smith a confirmé l'histoire, affirmant que son père la lui avait racontée vers la fin de sa vie et qu'elle était semblable à celle racontée par Buchanan.

Similairement à la déclaration du sergent-maître Dan Morris, Smith mentionne régulièrement dans sa correspondance ou lors d'entrevues que le fait de faire exploser des bombes atomiques aurait attiré l'attention de visiteurs extraterrestres :

> Je pense que ces individus provenant d'ailleurs sont soucieux de nos expériences avec l'énergie atomique et de nos plans de voyages spatiaux et de nos futures explorations et conquêtes interplanétaires. Je suis sûr qu'ils ne nous tiennent pas en très haute estime et qu'ils sont inquiets de savoir ce que nous pourrions faire si jamais nous venions qu'à nous déployer librement dans l'espace armés jusqu'aux dents avec des armes nucléaires.[4]

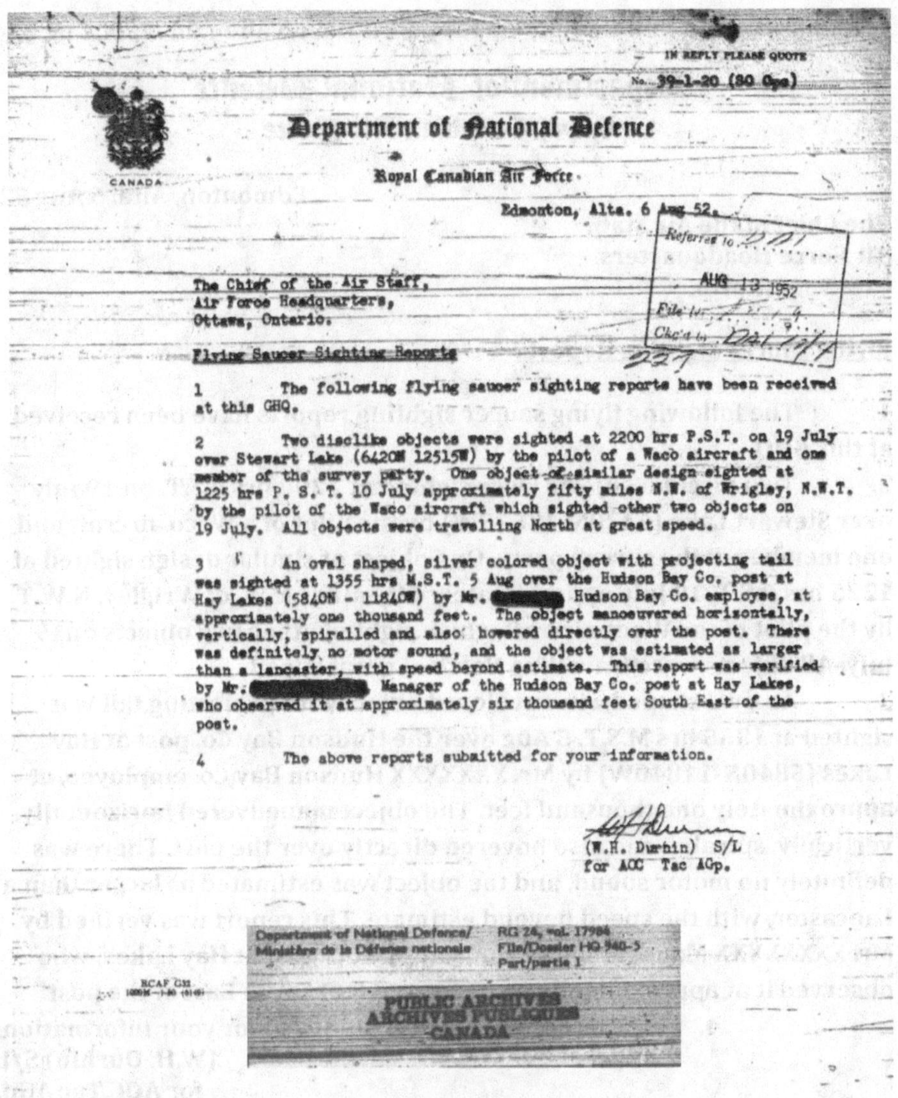

Figure 22. Rapport d'observation d'ovnis du MDN du 6 août 1952.

La vague d'observations d'ovnis de 1952

Retranscription non traduite du rapport d'observation du 6 août 1952.

Department of National Defence
Royal Canadian Air Force

Edmonton, Alta. 6 Aug 52.

The Chief of the Air Staff,
Air Force Headquarters,
Ottawa, Ontario.

Flying Saucer Sighting Reports

1.   The following flying saucer sighting reports have been received at this GHQ.

2.   Two disclike objects were sighted at 2200 hrs P.S.T. on 19 July over Stewart Lake (6420N 12515W) by the pilot of a Waco aircraft and one member of the survey party. One object of similar design sighted at 1225 hrs P.S.T. 10 July approximately fifty miles N.W. of Wrigley, N.W.T. by the pilot of the Waco aircraft which sighted other two objects on19 July. All objects were travelling North at great speed.

3.   An oval shaped, silver colored object with projecting tail was sighted at 1355 hrs M.S.T. 5 Aug over the Hudson Bay Co. post at Hay Lakes (5840N-11840W) by Mr. XXXXXXX Hudson Bay Co. employee, at approximately one thousand feet. The object maneuvered horizontally, vertically, spiraled and also hovered directly over the post. There was definitely no motor sound, and the object was estimated as larger than a Lancaster, with the speed beyond estimate. This report was verified by Mr. XXXXXXXX Manager of the Hudson Bay Co. post at Hay Lakes, who observed it at approximately six thousand feet South East of the post.

4.   The above reports submitted for your information.

(W.H. Durhin) S/L
for AOC Tac AGp.

L'hypothèse extraterrestre se confirme

En dépit des lentes progressions dans le développement d'une nouvelle théorie, le groupe du projet *Magnet* amassera tout de même beaucoup d'information sur les caractéristiques physiques des ovnis : forme des objets, dimensions, composition, origine probable, etc. De plus, les anciennes théories électromagnétiques auront été étudiées en profondeur afin d'élucider le mystère du mode de propulsion des soucoupes volantes en se fiant aux différentes caractéristiques de vol observées par les témoins et rapportées aux différentes instances concernées telles que le ministère des Transports. À l'été 1952, Wilbert Smith avait amassé suffisamment de données pour être en mesure de proposer différentes hypothèses quant à la provenance des soucoupes volantes. Les différentes pistes suivies semblaient toutes mener vers la thèse extraterrestre. C'est ce qui ressort de l'un des rapports de Wilbert Smith (annexe II). Bien évidemment, en raison du contexte de l'époque, l'hypothèse de l'origine russe était également étudiée, mais la technologie observée excluait cette dernière possibilité. L'extrait suivant tiré d'un des rapports de Wilbert Smith détaille les différents arguments favorisant l'hypothèse extraterrestre :

> Les véhicules ou les missiles ne peuvent être que de deux types, terrestres et extraterrestres, et dans chacun des cas l'analyse nous renseigne sur la provenance et la technologie. Si le véhicule provient de l'extérieur du rideau de fer, nous pouvons assumer que la chose est entre de bonnes mains, mais s'ils proviennent de l'intérieur du rideau de fer cela devrait être quelque chose de très préoccupant pour nous. En matière de technologie, les points d'intérêt sont : la source d'énergie; les moyens de support, propulsion et manipulation ; structure ; et biologie. Jusqu'à maintenant, pour ce qui est de l'énergie, nous connaissons l'énergie mécanique et l'énergie chimique, et un peu à propos de la fission, et nous pouvons entrevoir la possibilité de la conversion directe de la masse en énergie. [5]

> Nous utilisons l'énergie chimique de façon largement étendue, mais nous réalisons ses limites, donc si la demande en énergie des véhicules excède ce que nous considérons comme étant la capacité raisonnable des combustibles chimiques, nous devons

conclure que de tels véhicules doivent détenir leur énergie de la fission ou de la conversion de la masse.

Il apparait donc que nous soyons face à la très grande probabilité de la véritable existence des véhicules extraterrestres, en dépit du fait qu'ils entrent ou non dans notre conception des choses. De tels véhicules doivent nécessairement utiliser une technologie considérablement en avance sur la nôtre. Il est par conséquent suggéré que la prochaine étape dans cette enquête soit que des efforts substantiels soient faits dans l'acquisition de cette technologie, laquelle sera sans aucun doute d'une grande valeur pour nous. [6]

Il est possible qu'en continuant et en élargissant nos observations, nous serons en mesure de découvrir quelque chose en lien avec leur origine et leur raison d'être ou, si nous sommes suffisamment chanceux, d'établir un contact avec eux afin d'obtenir au minimum une réponse partielle à nos questions. Nous espérons que le projet *Second storey* sera l'agence qui le fera. [7]

Il semble évident à cette étape-ci du projet *Magnet* que les supérieurs de Smith commençaient à être anxieux, non pas parce qu'ils attendaient des résultats pertinents, mais plutôt parce que la population était en attente de réponses de la part des autorités gouvernementales impliquées dans cette étude. Et en raison de sa position à titre de dirigeant du projet *Magnet*, Smith était très conscient de l'impatience généralisée de ses supérieurs, qui ne demandaient qu'à voir la fin de ce cauchemar médiatique qu'était la situation en lien avec les observations de soucoupes volantes. C'est probablement pour cette raison que Smith publiait régulièrement les résultats de l'avancement de ses travaux sous forme de rapports détaillés. Dans l'extrait précédent, Smith mentionne qu'une agence nommée projet *Second storey* pourrait prendre la relève d'un des aspects de l'étude sur les soucoupes volantes. Étant donné qu'il n'y a aucune information écrite pour expliquer ce soudain changement de cap, on ne peut que spéculer sur les raisons qui auraient contribué à ce qu'une telle situation se produise. Heureusement, il subsiste quelques rares documents se rapportant à ce mystérieux changement de nom de projet, lesquels se retrouvent sous la forme de minutes décrivant sommairement les rencontres de ce nouveau comité gouvernemental d'étude des soucoupes volantes. Il semble que même si le but de ce comité donne l'impression d'être semblable au projet *Magnet*, le véritable but était plutôt en lien avec la nature des informations partagées au public. Le tapage médiatique entourant le sujet des ovnis ainsi que l'intérêt du gouvernement canadien à leur sujet mettaient les officiels du gouvernement canadien dans une position des plus inconfortables, d'autant plus que les puissants voisins du sud avaient signifié subtilement via les agences de renseignements qu'il était préférable de minimiser l'intérêt du public en disant que les observations de soucoupes volantes n'étaient rien d'autre que des méprises et que ça n'était d'aucun intérêt pour le gouvernement. Cette situation tendue ne modifia en rien la démarche scientifique de Wilbert Smith qui continuait envers et contre tous à exprimer ses idées sur la question, qui étaient basées sur de solides arguments scientifiques. Toutefois, il semble que l'hypothèse extraterrestre était la dernière chose que les officiels voulaient entendre car, comme on le verra plus loin, c'est probablement ce sujet précis qui a forcé le ministère de la Défense nationale à s'immiscer dans le projet d'étude sur les soucoupes volantes pour l'orienter dans la direction voulue par les Américains.

Projet *Second story* ou *Second storey* ?

En avril 1952, afin de clarifier les choses et probablement pour se dissocier du projet *Magnet* il a été convenu par le Conseil de recherches de la défense (DRB) de créer un second volet du projet d'étude sur les ovnis spécifiquement conçu pour collecter et analyser toutes les données provenant des rapports d'observation d'ovnis. Le projet d'étude officiel sur les ovnis du gouvernement canadien fut ainsi renommé projet *Second story*. Wilbert Smith donnera une très brève description du mandat du comité *Second story* dans un rapport du projet *Magnet*, dont en voici un extrait :

> ...le comité du projet *Second storey*, est un comité sous la gouverne du *Defence Research Board* pour amasser, cataloguer et coordonner les données d'observations d'objets volants non identifiés.[8]

Mis à part quelques rares documents (des minutes et des formulaires vierges) se rapportant aux rencontres du comité du projet *Second story*, on n'y retrouve que très peu ou pas d'information de nature ufologique. Dans certains documents, on retrouve le nom de ce projet orthographié différemment (*Second storey* au lieu de *Second story*). Le fait de changer le nom du projet ou d'en modifier l'orthographe est chose fréquente lorsqu'il s'agit de projets hautement classifiés et que l'on veut en brouiller les pistes contre d'éventuelles recherches d'archives documentaires subséquentes liées à ces projets détenant des informations sensibles. Étant donné que Wilbert Smith avait parlé publiquement du projet *Magnet* et que le ministère de la Défense nationale via le DRB sous la gouverne du Dr Omond Solandt voulait en avoir le contrôle sans y être associé, on a employé ce stratagème. Lequel semble avoir fonctionné, dans la mesure où contrairement aux documents du projet *Magnet* on ne retrouve pas ou peu d'information pertinente de nature ufologique en lien avec le projet *Second story*. Selon l'ufologue canadien Grant Cameron, le projet *Second story* était

> ...souvent décrit comme étant de gros efforts secrets pour obtenir des réponses sur les soucoupes volantes, il s'agissait en fait d'un effort pour détourner l'attention en espérant que l'ensemble du phénomène disparaîtrait de lui-même...[9]

Le 22 avril 1952, le docteur Omond Solandt présida la première rencontre de ce nouveau comité officiel d'étude sur les soucoupes volantes nommé *Second story* (figure 24). Solandt ne dirigea ce comité que très brièvement (le temps d'une seule réunion), tout en restant discret et se tenant suffisamment à l'écart des médias, pour ne pas attirer l'attention. Le docteur Solandt ne fut peut-être pas une des figures les plus connues de son époque, mais il fut en son temps un de ceux ayant le plus de pouvoir dans l'appareil gouvernemental ainsi qu'au ministère de la Défense nationale.[10]

Outre l'analyse des minutes du projet *Second story*, le mémo de Wilson est quant à lui assez éloquent sur la confusion qui régnait encore vers la fin des années 1960 au sein des autorités canadiennes sur la façon de traiter les informations se rapportant à l'étude des ovnis et comment la partager (ou pas) au public. D'un côté, il y avait toujours la pression des éminences grises du complexe militaro-industriel qui demandaient d'éviter de parler du sujet publiquement, et de l'autre, il y avait le public et les médias qui faisaient pression sur les gouvernements canadien et américain pour avoir des réponses sur la situation en lien avec les multiples observations d'ovnis ayant eu lieu en Amérique du Nord au cours des trois dernières décennies et des projets d'étude qui auraient été menés sur le sujet. L'extrait suivant qui est tiré de la traduction intégrale du mémo de Wilson (figure 8) nous aide à voir un peu plus clair dans cette situation confuse :

> Le docteur P.M. Millman, du Conseil national de recherches, m'a avisé que les documents rapportant les résultats des études de *Second story* à l'intérieur du projet *Magnet* soient déclassifiés. Ceux qui liront ce dossier verront que le projet *Magnet* en fait partie.
>
> 2. Étant donné que la question des soucoupes volantes attire encore l'attention du public et étant donné que ce dossier recouvre des documents se rapportant aux études du projet *Magnet* et, en réalité, où sont enregistrées la plupart des discussions du ministère des Transports en lien avec le projet *Magnet*, lesquelles sont de nature confidentielle, il est recommandé que la classification de ce dossier soit abaissée au niveau confidentiel. <u>En aucun temps il ne doit être disponible au public.</u>
>
> 3. Pour ceux qui voudraient obtenir une copie du rapport du projet *Magnet,* ils peuvent le faire en autant qu'ils représentent une organisation, qu'ils décrivent les buts de cette organisation et qu'ils détaillent les bases de leurs besoins pour l'obtention d'une copie au Dr Millman du Conseil national de recherches. Ils peuvent voir le rapport du projet *Magnet* après avoir pris rendez-vous au centre des météores.
>
> 4. <u>Une copie du rapport du projet *Magnet* est contenu dans ce dossier, et ne doit pas être détruit jusqu'à ce que l'intérêt pour ce sujet ne se soit amoindri.</u> [11]

Les directives contenues à l'intérieur du mémo de Wilson sont à ce point ambigües, qu'il est fort probable que toutes les personnes l'ayant reçu ont certainement dû aller rencontrer l'auteur en personne pour qu'il explique verbalement quelle était sa requête. On abaissait le niveau de classification des documents du projet *Magnet* de secret à confidentiel, mais ils ne devaient en aucun temps être accessibles au public : De plus, il est mentionné que les documents des études du projet *Second story* à l'intérieur du projet *Magnet* devaient être déclassifiés (c'est-à-dire qu'ils devaient être accessibles au public). Malgré cette apparente confusion, il semble évident que le but véritable derrière ce cirque était de déclassifier des documents sans importance pour montrer à la population que le gouvernement canadien n'avait rien à cacher dans son étude sur les ovnis et qu'il était tout de même possible d'accéder aux documents du projet *Magnet,* en autant que les demandeurs se soumettent à quelques exigences contraignantes comme on l'a vu précédemment

Pour ce qui est de la date de publication du mémo de Wilson, le 15 septembre 1969, sa proximité avec le dépôt du rapport Condon, (seulement quelques mois plus tôt), nous indique que certaines personnes œuvrant au sein des autorités canadiennes avaient prévu que tôt ou tard ils auraient à répondre à des questions concernant le projet d'étude sur les ovnis. L'USAF avait quant à elle réagi assez drastiquement suite aux conclusions du rapport Condon qui étaient que : « nos conclusions sont que rien n'a été obtenu de l'étude des ovnis dans les 21 dernières années qui aurait pu améliorer la connaissance scientifique. »[12]

Et le 17 décembre 1969, l'USAF annonça la fermeture définitive du projet *Blue book,* le troisième et dernier projet d'étude officiel sur les ovnis alors dirigé par l'armée de l'air des États-Unis.

Voici un bref extrait traduit de la lettre de l'USAF expliquant la fermeture de *Blue book* :

> La décision de cesser l'enquête sur les ovnis était basée sur l'évaluation d'un rapport préparé par l'Université du Colorado, intitulé *Étude scientifique des objets volants non identifiés*; une révision du rapport de l'Université du Colorado par l'Académie nationale des sciences ; les précédentes études sur les ovnis et l'expérience de l'armée de l'air ayant enquêté sur les rapports d'ovnis durant les années 1940, 1950 et 1960. Le

résultat de ces investigations et études et l'expérience obtenue de l'investigation des rapports ovnis depuis 1948, les conclusions de *Blue Book* sont : (1) aucun ovni rapporté, investigué et évalué par l'armée de l'air n'a jamais donné d'indication d'une menace pour la sécurité nationale ; (2) il n'y a eu aucune évidence soumise à ou découverte par l'armée de l'air que les observations catégorisées comme non identifiées représentent des développements ou des principes allant au-delà des connaissances scientifiques actuelles; et (3) il n'y a eu aucune évidence indiquant que les observations catégorisées comme non identifiées sont des véhicules extraterrestres.[13]

Après la lecture de ces conclusions de l'armée de l'air, qui sont pour la plupart en totale contradiction avec les propos de Wilbert Smith et du projet *Magnet,* il semble assez évident que l'USAF ne disait pas toute la vérité et qu'elle tentait désespérément de trouver une raison de cesser son projet d'étude sur les ovnis et de couper tout ce qui pouvait la relier au phénomène. Il est vrai qu'à cette époque mouvementée de l'histoire des ovnis, parmi tous les individus et organismes responsables de cacher la réalité des ovnis au public, quelques-uns devaient commencer à sentir la soupe chaude, car le 28 mars 1966, Gérald Ford, alors leader de la Chambre des républicains du Michigan, a publié un communiqué de presse (figure 23) demandant à ce qu'une enquête officielle du Congrès sur les ovnis soit ouverte, car il n'était pas satisfait des explications de l'armée de l'air se rapportant à des observations s'étant produites au Michigan.[14]À ce propos, Ford ridiculisera les explications (gaz des marais) du docteur J. Allen Hinek, astronome, alors associé avec l'USAF au sein du projet *Blue book*. Il semble qu'à l'époque, les figures d'autorité militaires ou scientifiques n'étaient plus suffisantes pour contrôler la perception des gens lorsqu'il était question des soucoupes volantes, car à cette époque on remarque que la population était beaucoup plus informée sur la question des soucoupes volantes qu'elle ne l'était au début des observations. Les explications bancales ne fonctionnaient plus et ne servaient qu'à démontrer que l'USAF était loin de dire la vérité sur le sujet et qu'elle avait quelque chose à cacher. Cette situation tendue durait depuis 1949, année durant laquelle l'USAF avait cru s'être débarrassée du problème en annonçant à la population qu'elle cessait d'étudier le phénomène. Il semble qu'à l'époque, les raisons données pour la cessation dudit projet n'avaient pas réussi à diminuer l'intérêt de la population pour les soucoupes volantes. De plus, si l'étude des soucoupes volantes n'était d'aucun intérêt, pourquoi le gouvernement canadien s'y intéressait-il autant ? Les éminences grises du complexe militaro-industriel cherchant à garder le secret sur la réalité des soucoupes volantes commençaient à perdre le contrôle et n'avaient d'autres choix que de demander une collaboration pleine et entière de la part du gouvernement canadien en la matière. La création du comité *Second story* ne faisait partie que d'un ensemble d'actions posées par le gouvernement canadien pour démontrer qu'il collaborait avec les Américains dans le maintien du secret sur la réalité des soucoupes volantes.

FOR RELEASE TUESDAY, P.M.

MARCH 28, 1966

NOTE TO ALL NEWS MEDIA: House Minority Leader Gerald R. Ford, R-Michigan, today sent the attached letter to the chairmen and the ranking Republican members of the House Committees on Armed Services and Science and Astronautics, urging that one committee or the other investigate the subject of Unidentified Flying Objects (UFO's).

Ford is not satisfied with the Air Force explanation of the recent sightings in Michigan and describes the "swamp gas" version given by astrophysicist J. Allen Hynek as "flippant."

Ford has received a number of telegrams and letters from individuals anxious to see a congressional investigation of UFO's.

# # #

Figure 23. Communiqué de presse de Gérald Ford, 28 mars 1966.

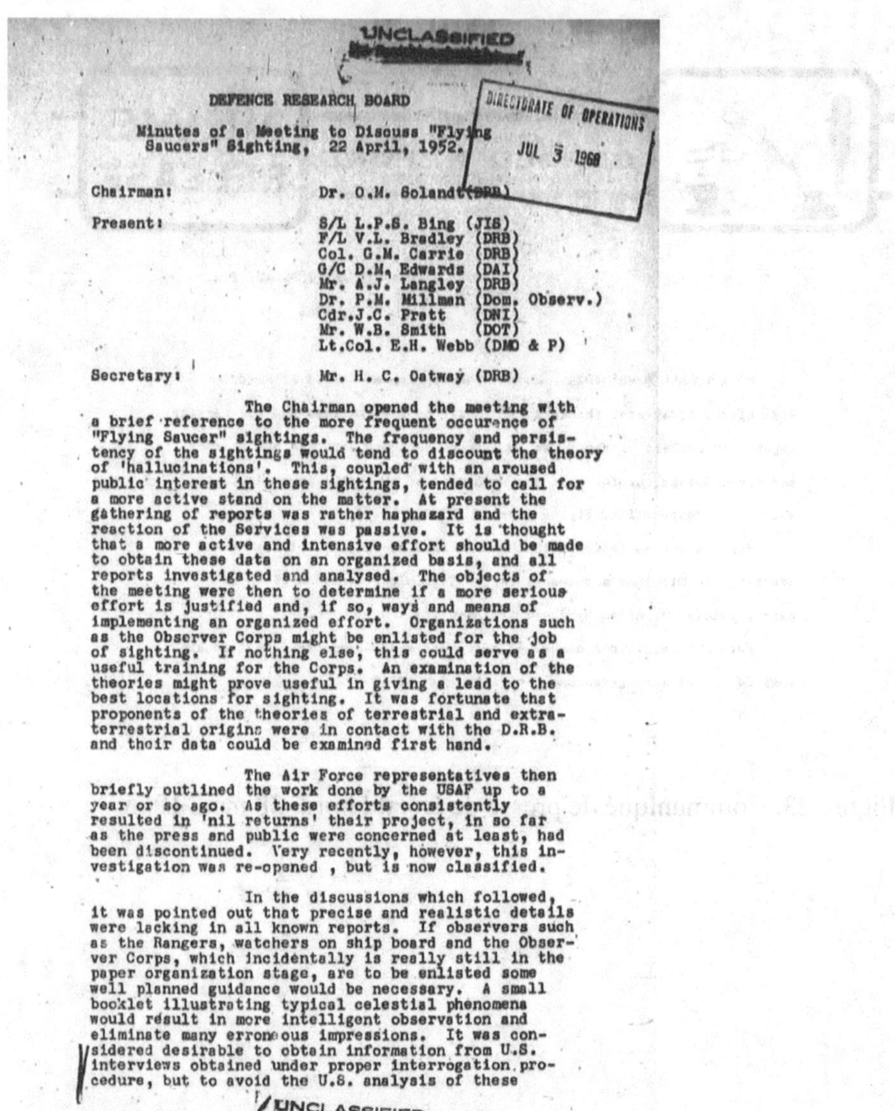

Figure 24. Minutes du projet *Second story*, 22 avril 1952, p.1. [15]

Il est bien possible que le but véritable de la création du projet
Second story n'était en fait qu'une tentative dissimulée de la part du
ministère de la Défense nationale pour prendre le contrôle absolu du
projet d'étude canadien sur les soucoupes volantes et couper l'herbe
sous le pied de Wilbert Smith et du ministère des Transports, lequel
avait été désigné en décembre 1950 comme l'organisme responsable

du projet *Magnet*. Selon les informations disponibles dans les minutes, on apprend que c'est le 22 avril 1952 que se serait tenue la première réunion du comité du projet *Second story* et parmi les membres présents, on y retrouvait le docteur Omond Solandt du DRB, président du comité, C.P. Edwards, le contrôleur des Télécommunications et supérieur immédiat de Wilbert Smith et bien évidemment Wilbert Smith, en tant que représentant du ministère des Transports (DOT). Selon les minutes de cette réunion (figure 24), on peut voir qu'en plus des personnes mentionnées ci-dessus, une demi-douzaine d'autres individus étaient présents, chacun représentant un organisme gouvernemental canadien, sauf pour un, qui représentait l'USAF. Ce dernier, tel qu'écrit dans les minutes, aurait discuté brièvement du projet ovnis de l'USAF, qui d'un point de vue officiel était fermé, mais avait été rouvert récemment, et classifié. L'officier américain ne précise toutefois pas à quel niveau de classification le projet d'étude américain sur les ovnis était rendu. D'ailleurs ce dernier ne partage pas beaucoup d'information dans ces réunions, sa présence étant plutôt passive; il se contentait d'écouter les autres. En sa qualité d'officier de renseignement des services de renseignements conjoints (JIS), le second lieutenant Bing, était probablement les yeux et les oreilles des éminences grises, lesquelles voulaient garder un contrôle absolu des informations en circulation se rapportant aux ovnis et à la présence extraterrestre. Il est à noter que Wilbert Smith avait déjà partagé beaucoup d'informations sensibles à ce sujet dans son mémo *top-secret* daté du 21 novembre 1950, en y mentionnant que : « Le sujet est des plus classifiés aux États-Unis et est classifié deux points plus haut que la bombe H. » Il y a de fortes chances que les éminences grises voyaient d'un très mauvais œil qu'un individu hors contrôle tel que Smith prenne les rennes d'un projet d'étude sur les ovnis. Il est facilement compréhensible de voir des tentatives telles que la création d'un autre projet d'étude sous le contrôle du ministère de la Défense via le DRB. Dès le début de la réunion du projet *Second story*, Omond Solandt, alors président du comité, a parlé de l'augmentation des observations de soucoupes volantes et des témoignages liés à celles-ci, chose qui selon lui écarterait la théorie des Hallucinations telle que proposée par l'USAF dans son mémo du 27 décembre 1949 (figure 2). Voici l'extrait traduit des minutes à ce propos (figure 24) :

Le président a ouvert la réunion avec une brève référence à l'occurrence plus fréquente des observations de soucoupes volantes. La fréquence et la persistance des observations tendent à écarter la théorie des '' Hallucinations ''. Ceci ajouté à l'intérêt accru du public envers ces observations, qui tend à demander une position plus affirmée en la matière. À présent, la collecte des rapports s'est faite de façon plutôt improvisée et la réaction des services était passive. Nous pensons qu'un effort plus actif et plus intense devrait être fait pour obtenir ces données de façon plus organisée et que tous les rapports devraient faire l'objet d'enquêtes et être analysés. [16]

Il est évident, qu'à ce moment-ci, le docteur Solandt était dans une position très inconfortable, car après tout, c'est lui qui avait donné l'autorisation à Wilbert Smith de créer son projet d'étude sur les ovnis sous l'égide du ministère des Transports, et par son poste au Conseil de recherches de la Défense (DRB), le docteur Solandt se devait de suivre à la lettre la politique des Américains lorsqu'il était question des ovnis. La décision de créer le projet *Second story* et d'y intégrer Wilbert Smith ainsi que le contrôleur C.P. Edwards à l'intérieur du comité était probablement une façon de montrer aux Américains qu'il n'y avait aucun problème, car le projet d'étude canadien sur les ovnis était désormais sous le contrôle du ministère de la Défense via le DRB, tout en montrant à Smith que malgré le fait que le projet d'étude sur les ovnis n'était plus sous son contrôle, il avait quand même son mot à dire sur le sujet. C'est probablement pour cette raison que dans les minutes du projet *Second story,* la nature des propos du docteur Solandt peut sembler contradictoire, parfois en accord avec la vision de Wilbert Smith, mais parfois aussi en total désaccord avec lui et rejoignant plutôt la politique américaine à ce sujet. D'ailleurs, à ce propos, il est mentionné, à la page 2 des minutes de la réunion du 22 avril 1952 du projet *Second story* (figure 27), que Wilbert Smith avait partagé sa théorie sur les origines extraterrestres des vaisseaux observés qui menaient à des rapports d'observation. Sur la même page de ce document, on peut lire que le président du comité, c'est-à-dire, le docteur Solandt : « a souligné en termes larges la théorie de l'origine terrestre, notamment un nouveau type d'aéronef (probablement russe). »[17]

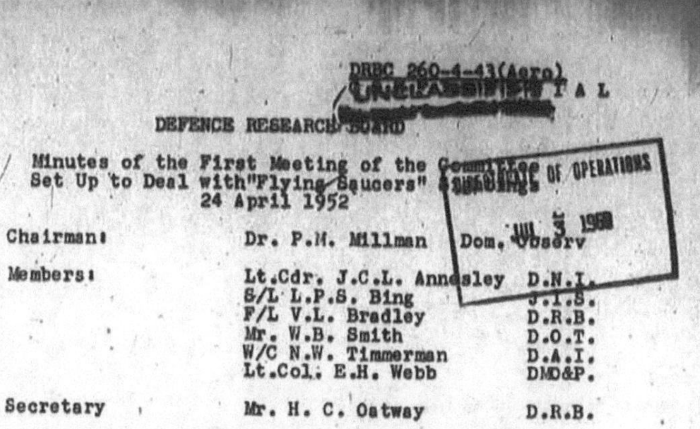

DRBC 260-4-43(Aero)

UNCLASSIFIED / CONFIDENTIAL

DEFENCE RESEARCH BOARD

Minutes of the First Meeting of the Committee
Set Up to Deal with "Flying Saucers"
24 April 1952

Chairman:	Dr. P.M. Millman	Dom. Observ
Members:	Lt.Cdr. J.C.L. Annesley	D.N.I.
	S/L L.P.S. Bing	J.I.S.
	F/L V.L. Bradley	D.R.B.
	Mr. W.B. Smith	D.O.T.
	W/C N.W. Timmerman	D.A.I.
	Lt.Col. E.H. Webb	DMO&P.
Secretary	Mr. H. C. Oatway	D.R.B.

For the benefit of those who were not present at the general meeting held on April 22nd, the Chairman opened the meeting with a brief resume of discussions leading to the formation of this Committee and the terms of reference. He then tabled three books by Kehoe, Scully and Heard dealing with Flying Saucers sightings as worthy study as they give a fairly useful summary of the most important publically recorded sightings. These can be used in addition to newspaper reports.

S/L Bing tabled a report by the RCAF relative to the USAF project on Flying Saucers. This report is to be duplicated by the RCAF and copies passed to the Secretary for distribution to the Committee members.

The question of the security classification of the work of the committee was then discussed. It was agreed that CONFIDENTIAL was sufficient, but that members should be cleared to SECRET to facilitate any exchange of information from international sources.

The Chairman stated that it would probably be better to divorce this work from the questionable title of "Flying Saucers", and thought that some name entirely without meaning such as "Project Theta" should be adopted. The Committee agreed in principle to this suggestion, with the exception that the project name is not to be used during exchange of information of an international character. Such "exchanges" are to be effected through established channels only. There being no further suggestions acceptable, the name "Project Theta" was adopted, subject to investigation by the Secretary as to the validity of the use and possible duplication of the name.

The possibility of obtaining U.S. data on a reciprocal basis was considered desirable and the Secretary was instructed to have a formal approach to this effect made through the DRB Member in Washington.

Consideration was given to the interrogation form presently in use by the RCAF. After discussion, it was agreed that the form should immediately be revised with accompanying instructions for its use. The revised form (copy attached) was drawn up and copies are to be distributed by the Secretary prior to the next meeting. The preparation of the instructions was divided among the members as follows:

Figure 25. Minutes du projet *Second story*, 24 avril 1952, p.1.

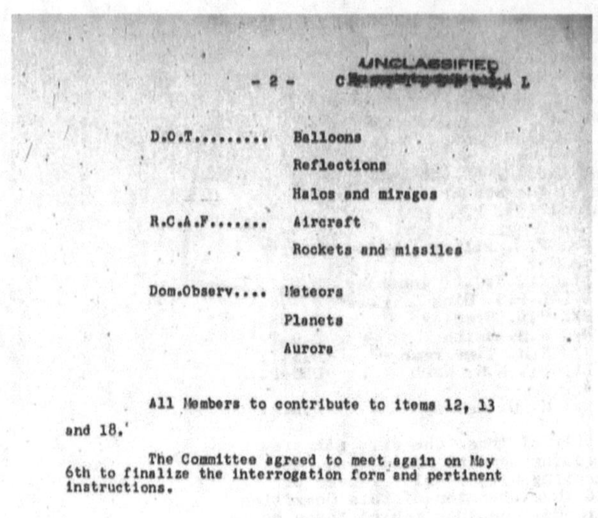

Figure 26. Minutes du projet *Second story,* 24 avril 1952, p.2.

Donc, il arrivait que durant les réunions du comité *Second story*, le docteur Solandt exprime des idées allant parfois totalement à l'opposé de celles de Smith et d'autres fois similaires. Il jouait un double jeu, probablement pour contenter tout le monde. Toutefois, les éminences grises eurent tôt fait de comprendre que Wilbert Smith avait encore beaucoup trop d'influence au sein de ce nouveau projet d'étude sur les ovnis, et c'est probablement pour cette raison que la réunion du 24 avril 1952 fut présidée par le docteur Millman, un astronome de l'Observatoire du Dominion, au lieu du docteur Solandt. C'est à partir de cette date que le docteur Millman devint officiellement le nouveau directeur du comité *Second story* en remplacement du docteur Solandt. Il était chose assez commune (et ça l'est encore aujourd'hui) dans le domaine du renseignement ufologique d'utiliser des astronomes pour faire le boulot de censure et de désinformation pour le compte des agences de renseignements. Un exemple ? Le professeur J. Allen Hynek, qui a travaillé comme consultant de l'USAF durant le projet *Blue book*, le dernier projet d'étude officiel du gouvernement américain sur les ovnis. Son rôle à titre de consultant était d'expliquer autant que possible les observations d'ovnis par des causes naturelles. Les observations d'ovnis concernées par ce *modus operandi* étaient celles ayant acquis une certaine forme de publicité et dont on voulait que le public se désintéresse. Pourquoi des astronomes ? Ceux-ci ne sont-ils pas les individus les plus susceptibles de faire des observations d'ovnis ? Étant donné qu'ils ont constamment les yeux tournés vers le ciel à observer les étoiles, les astronomes peuvent être effectivement témoins de plusieurs phénomènes célestes inusités, tels que voir un ovni traverser le ciel à toute allure. Les services de renseignements responsables de garder le secret sur les ovnis ont tôt fait de réaliser cette possibilité et c'est probablement pour cette raison que les astronomes figurent en tête de liste des scientifiques approchés par les services de renseignements pour discréditer le sujet et partager les théories provenant des équipes de relations publiques de ces mêmes services.

Toujours dans les minutes du projet *Second story*, la discussion du comité de la réunion du 24 avril 1952 s'est tournée vers la façon dont il faudrait collecter les données issues des rapports d'observation, et les organismes qui seraient les plus appropriés pour effectuer de telles tâches. Tâches qui devraient être divisées parmi des organismes gouvernementaux selon le type de phénomène observé. Alors que le ministère des Transports devait enquêter sur les rapports d'observation susceptibles d'être liés à des observations de ballons, des réflexions, des halos et des mirages, c'est l'armée de l'air du Canada (RCAF) qui devint responsable des observations d'aéronefs, de fusés et de missiles non identifiés. Quant aux astronomes de l'Observatoire du Dominion, ils devaient s'occuper de toute observation dont la description sommaire indique qu'elle pourraient avoir été causées par des météores, des planètes ou des aurores (figure 26). Par souci d'uniformité et d'efficacité, différents types de formulaires, dont un guide illustrant différents types de phénomènes célestes, furent proposés. Certains de ces formulaires vierges sont présentés à l'annexe III du présent livre. Cette première réunion consista en gros à jeter les bases d'une structure visant à collecter et analyser efficacement l'information provenant des observations d'ovnis se produisant sur le territoire canadien, tout en filtrant l'information qui pourrait se retrouver dans le domaine public. Quant à Wilbert Smith et son équipe, ceux-ci avaient eu amplement le temps de compiler et d'analyser des masses d'informations provenant des rapports d'observation d'ovnis depuis la mise sur pied du projet *Magnet* en décembre 1950. D'un certain point de vue, *Second story* pouvait être perçu comme étant inutile (on voulait réinventer la roue). Toutefois, en homme intelligent qu'il était, Smith n'était pas dupe, et avait tôt fait de comprendre le petit jeu de pouvoir qui se tramait en coulisse. Il décida tout de même de jouer le jeu et se présenta à chacune des réunions de ce nouveau comité et partageait ouvertement les informations qu'il continuait à amasser à titre de dirigeant du projet *Magnet*. Seulement deux jours après la première réunion du comité *Second story*, soit le 24 avril 1952, le comité *Second story* se rencontre à nouveau. Les membres de cette seconde réunion étaient sensiblement les mêmes, mis à part le président du comité, le docteur P.M. Millman, de l'Observatoire du Dominion, en remplacement du docteur Solandt, qui était absent de cette réunion. La première partie de cette seconde réunion fut consacrée à résumer les informations partagées au cours de la réunion précédente. Il a été entre autres question de trois livres et d'un rapport de l'USAF se rapportant aux soucoupes volantes. En second lieu, la question relative à la classification de sécurité du comité *Second story* a été discutée, et il a été décidé que « confidentiel » était suffisant, mais que les membres devraient avoir l'habilitation « secret » pour faciliter les échanges d'information provenant de sources internationales. Le président du comité a soulevé le point qu'il était probablement préférable de dissocier les travaux du projet *Second story* du titre discutable de '' *soucoupes volantes* '' et a pensé qu'un autre nom sans signification soit adopté tel que Thêta. En dernier lieu, il a été question d'un formulaire servant à la collecte d'information par l'armée de l'air du Canada (RCAF), lequel devrait servir ultérieurement comme rapport d'observation. La décision de donner une cote de sécurité confidentielle au projet *Second story* est somme toute assez paradoxale, compte tenu du fait qu'il s'agissait d'un niveau de classification inférieur au projet *Magnet* et que *Second story* était sous l'égide du ministère de la Défense nationale. Tout ceci ne visait peut-être qu'à calmer le jeu et démontrer à Wilbert Smith que le MDN ne cherchait pas à faire disparaître les données issues des rapports d'observation d'ovnis. Quoi qu'il en soit, Smith savait très bien que la position des hauts gradés militaires canadiens à propos des ovnis était qu'il fallait adopter une politique semblable aux Américains dans ce domaine. C'est en tout cas ce qui transpire du mémorandum du comité conjoint du Renseignement daté du 4 août 1950 (figure 1), où il est question de l'attitude à adopter en matière de renseignements liés aux soucoupes volantes. L'extrait suivant fait référence au mémo que l'USAF a publié en 1949 après la fermeture de son premier projet d'étude sur les soucoupes volantes :

> Au même moment, l'USAF a annoncé publiquement qu'elle cessait d'enquêter sur les rapports d'observation et qu'elle fermait le projet soucoupe. Un officier de notre organisation s'est rendu à Washington et a examiné l'étude spéciale publiée en complément au projet. L'étude indiquait que les observations étaient soit des phénomènes naturels, des canulars, ou dues à l'imagination et concluait qu'aucun aéronef étranger ou extraterrestre n'était impliqué dans aucun des incidents. Il était également apparent que chaque fois qu'une observation obtenait une certaine visibilité médiatique, il y a eu d'innombrables rapports d'observation qui étaient soumis immédiatement après. La politique actuelle de l'USAF est de diminuer l'importance du sujet et de faire enquêter par le commandant de secteur, seulement lorsque nécessaire, sans aucun arrangement spécial pour rapporter ou enquêter. Il semble qu'une politique similaire de notre part serait judicieuse. [18]

Dans son livre, *The UFO connection*, l'ufologue canadien, Arthur Bray, aborde brièvement la question du comité *Second story*. C'est ce qu'on peut voir dans l'extrait suivant :

> Le fait que le public était au courant de l'existence de ce projet [le projet *Magnet*] devenait une source de frustration, d'agacement et d'embarras pour le DRB et le DOT, et cela a mis Smith dans une position délicate puisqu'il était encore officiellement membre du comité *Second Storey*. Cela a probablement contribué au contenu du rapport sommaire de Millman du 21 novembre sur le projet *Second Storey*. Il a annoncé que les formulaires et les instructions du projet *Second Storey* pour le dépôt des informations d'observations

étaient disponibles pour tout ministère gouvernemental sérieusement intéressé à poursuivre l'affaire, mais le comité a estimé qu'en raison de l'impossibilité de vérifier indépendamment les détails de la majorité des observations, la majorité du matériel ne se prêtait pas à une méthode scientifique d'investigation.[19]

UNCLASSIFIED

- 2 -

interviews which was often unacceptable to some members
of this Committee.

Mr. Smith briefly outlined the extra-
terrestrial origin theory. A plot of the frequency and
timing of sighting related to the opposition of the planet Mars to the earth was displayed. Sightings occur
at approximately six week intervals, but the frequency
is much higher during periods when the planets are near-
ing each other such as in the present month. The more
reliable observations place these objects at heights -
of 100 to 300 miles moving with velocities in the order
of 1000 - 2000 mph. Terrestrial bodies making use of
airfoils could not operate at these heights. Size and
power limitations also negate earthy origins. The bri-
lliance of sighting after sunset could be explained by
reflections from the body at these altitudes of the
sun's illumination, or in daylight by frictional heating
or other magnetic heating effects. Considering the
orbital velocities of the earth and Mars (18 and 15
miles per secon respectively) and their nearest positions
(e.g. 52,000,000 miles on May 8th) with a continuous
acceleration of 2 g for 3 or 4 days, these distances
could be traversed.

Mr. Langley stated that no electronic
reports had been received of flying saucers. It was
generally agreed that no electromagnetic radiations had
ever been found which could not be traced to terrestrial
origin. If electronics are associated with these objects,
their frequencies are outside the presently usable ranges.
Mr. Smith then elaborated on the work of the ionosphere
stations which had been asked to report any unusual
findings, but with 'nil returns' to date.

The Chairman outlined in broad terms the
theory of terrestrial origin, namely a new type of aircraft (presumably Russian) as expounded by Mr. Frost
of the A.V. Roe Company. This theory had some discrepancies, but the aerodynamics were worth following as,
even if of extra-terrestrial origin, the bodies would
have to follow aerodynamic theory within the earth atmos-
phere. Also a new high speed aircraft design might be
evolved. The theories outlined should give an impetus
to the flying saucer investigations.

It was generally agreed that a more active
investigation should be undertaken. The Chairman believed
that the function of the D.R.B. should be mainly advisory
as the collecting of reports could best be done by field
organizations. The representatives of the Services agreed
and will use their discretion in the choice of their more
suitable sections to use for observers.

It was decided that a Committee should be
formed to give a lead in this activity and to standardize
procedures, etc. Accordingly the following were nominated
and agreed to act: Dr. Millman (Chairman) G/C Edwards,
Lt. Col. Webb, Cdr Pratt, F/L Bradley, and Mr. Oatway
(Secretary) This committee was to prepare a brief of
instructions for observers; examine interrogation procedures
to get a consolidated and pertinent series of questions;

Figure 27. Minutes du projet *Second story,* 22 avril 1952, p.2.

```
                                          UNCLASSIFIED
                        - 3 -

    and to establish a standard method of recording and
    indexing for subsequent analysis.

               Finally G/C Edwards suggested that the
    RCMP might prove to be a valuable addition as obser-
    vers.  This organization has the added advantage of
    having trained interrogators.

               The Chairman thanked those present for
    attending and for their willingness to aid in these
    investigations.




    26 April 1952
    O T T A W A .
```

Figure 28. Minutes du projet *Second story*, 24 avril 1952, p.3.[20]

Juillet 1952-Compte-rendu du projet *Magnet*

En juillet 1952, en dépit de la création du projet *Second story* quelques mois plus tôt, Wilbert Smith et son équipe continuèrent à étudier les multiples rapports d'observation d'ovnis soumis au ministère des Transports, et, à partir des données obtenues à l'intérieur de ce ministère, Smith et son équipe amassèrent suffisamment d'information sur les caractéristiques physiques et technologiques des soucoupes volantes pour être en mesure de produire un rapport détaillé :

> À partir des multiples rapports d'observation que nous avons en notre possession, nous pouvons en conclure que les informations suivantes sont des assertions raisonnables :

a) Les soucoupes sont réelles et semblent être des véhicules d'un type particulier.
b) Elles n'utilisent pas de combustible chimique, tels que nous les connaissons, pour la propulsion.

c) Elles n'utilisent pas d'énergie atomique telle que nous utilisons et n'expulsent pas de matière radioactive détectable.

d) Elles semblent être entourées, ou reliées par un intense champ magnétique.

e) Sous certaines conditions, elles semblent entourées par une bonne quantité d'ionisation qui pourrait être produite par d'intenses radiations ou un gradient de fort potentiel.

f) Elles se déplacent comme si elles étaient dirigées par quelques intelligences qui semblent contrôler le véhicule en tout temps. [21]

Dans l'extrait suivant, on peut voir que Smith fait référence à une annexe (l'annexe IV) où serait consigné un résumé des observations d'ovnis investiguées par son ministère. Malheureusement il semble que cette annexe ait été retirée des documents du projet *Magnet*, car elle ne figure pas parmi les documents d'archives disponibles :

> L'annexe IV contient un résumé des observations de 1952 qui ont été investiguées par le ministère des Transports. Considérablement plus de données existent dans les dossiers d'autres agences, et davantage sont amassées à mesure que l'enquête avance. Bien que nous n'ayons pas l'intention de nous référer aux données collectées par les autres agences, il doit être mentionné que les rapports d'observation du ministère des Transports sont assez représentatifs de ceux rapportés à travers le monde. [22]

CHAPITRE IV LA FERMETURE
DU PROJET *MAGNET*
Le site de détection de Shirleys Bay

Au début de l'année 1953 et à partir des conclusions obtenues de l'étude des nombreux rapports d'observation d'ovnis, Wilbert Smith proposa la construction d'un site de détection d'ovnis. Il dira à ce propos dans un de ses rapports :

> Basé sur les conclusions du rapport de 1952, nous avons compris que certains aspects du phénomène devraient probablement être accompagnés d'effets physiques mesurables et, étant donné que des effets mesurés sont plus satisfaisants que des observations qualitatives, il a été décidé de tenter d'obtenir de telles données provenant d'instruments de mesure.

> Que le phénomène soit provoqué par des causes électromagnétiques naturelles ou qu'il s'agisse de véhicules extraterrestres, ceux-ci seraient probablement associés, en plus d'une observation, à quelques perturbations magnétiques ou bruits radios. Aussi, il y a une possibilité que des radiations gamma soient associées à de tels phénomènes.

> Par conséquent, un groupe d'instruments a été installé dans un petit bâtiment (figures 30 et 31) à Shirleys Bay dans le but d'essayer d'obtenir des mesures, lesquelles pourraient être liées à une ou plusieurs observations. [1]

Il semble qu'avant même la mise en opération de la station de détection de Shirleys Bay, certains journalistes avaient déjà été mis au courant de l'ensemble du projet. Comme on peut le voir dans l'extrait suivant, qui est une traduction d'un article écrit par Richard Jackson dans *The Journal* (figure 29), ce dernier semble avoir été informé des nombreux détails liés aux installations de Shirleys Bay, notamment en ce qui a trait aux différents appareils de détection, ainsi qu'aux spécialistes associés au projet :

Une station d'observation de soucoupes volantes, la première au monde, est en cours de construction par le ministère des Transports en collaboration avec le Conseil de recherches de la Défense (DRB) à Shirleys Bay, à 10 minutes à l'ouest d'Ottawa. Wilbert B. Smith, ingénieur responsable de la section de diffusion et de mesures de la Division des Télécommunications au ministère des Transports (DOT), est responsable de l'obtention et de l'installation de l'équipement électronique, dont plusieurs pièces sont entièrement nouvelles en électronique. Des scientifiques de haut niveau collaborent avec Smith : Dr James Watt, physicien théoricien du Conseil de recherches de la Défense (DRB) ; John Hector Thompson, expert en information technique de la division des Télécommunications ; professeur J.T. Wilson de l'Université de Toronto; Dr G.D. Garland qui se spécialise dans les études gravitationnelles à l'Observatoire du Dominion. La nouvelle station d'observation des soucoupes volantes a une approbation au sein du ministère des Transports et une directive départementale. " Faites ce que vous pouvez dans les limites de l'établissement (section de diffusion et de mesures de la division des Télécommunications) pour prouver ou réfuter l'existence des soucoupes volantes". Ces hommes et leur équipement à la station, qui œuvreront sur une base opérationnelle de 24 heures sur 24 dans quelques semaines, chercheront à déterminer si certains "phénomènes célestes aperçus, mais inexpliqués suivent le modèle de technologie " postulé par de nombreux astrophysiciens sur la base que ceux-ci seraient en fait des soucoupes volantes. La station est équipée d'un réacteur ionosphérique et d'un dispositif électronique permettant de déterminer la hauteur, le schéma et la conduite de la couche ionisée de gaz changeant d'intensité gamma…[2]

Figure 29. Article d'un journal d'Ottawa parlant du site de Shirleys Bay.

Outre ce journaliste d'Ottawa, il y a eu également John Ross qui a écrit un article sur le site de détection de Shirleys Bay pour *Fate magazine*, un magazine américain populaire de l'époque s'intéressant aux phénomènes inusités. Il semble bien que John Ross ait fait des recherches et ait interviewé quelques individus impliqués de près ou de loin dans la structure organisationnelle du projet *Magnet* avant d'écrire son article, car celui-ci donne l'impression qu'il a su cogner aux bonnes portes pour s'informer de la question, non sans créer des malaises au sein du gouvernement canadien:

> Dans un petit bâtiment d'à peine 12 pieds par 12 pieds à Shirleys Bay, 10 milles au nord d'Ottawa, est installée une collection d'instruments des plus inhabituels jamais rassemblés dans un si petit espace. Il s'agit du premier observatoire de soucoupes volantes au monde. La station d'observation est entrée en opération sans tambour ni trompette. Au début, les officiels du gouvernement canadien étaient plutôt enclins à attribuer l'existence même de la station comme étant le produit

de l'imagination de certaines personnes, donc sans aucun fondement réel. Durant la journée avant la mise en opération de la station, le docteur O. M. Solandt, président du Conseil de recherches de la Défense, a déclaré qu'il ne savait rien à propos de ce projet : ''Cela n'a rien à voir avec le Conseil de recherches de la Défense,'' a-t-il dit.

Ce qui est vrai, semble-t-il. La station fut construite par le Conseil national de recherches et annoncée officiellement par l'honorable Lionel Chevrier, ministre des Transports. M. Chevrier n'a pas expliqué pourquoi le docteur Omond Solandt a nié l'existence du projet. Solandt avait rapidement modifié sa version, expliquant seulement que son comité n'était pas impliqué dans le projet.

''Cependant nous continuons d'étudier les nouveaux rapports (de soucoupes volantes),'' a-t-il admis. ''Et nous sommes ouverts aux possibilités de découvertes de cette nature.''

Pendant ce temps, de nouvelles observations de soucoupes volantes ont été rapportées partout au Canada.

À North Bay en Ontario, le *Daily nugget* détient un dossier où 16 personnes ont rapporté des observations de disques orangés. Le journal dit que tous les témoignages sont consistants en ce qui a trait à la dimension, la couleur, la vitesse et le comportement de vol des objets observés.

À la fin octobre, un citoyen de North Bay a parlé d'une douzaine d'observations nocturnes de drôles de globes orange qui arrivaient du ciel au nord-est, se promenant en aller-retour dans le ciel pour ensuite disparaître.

À l'automne 1951, trois personnes ont rapporté une observation diurne au-dessus du lac Nipissing. Chacun des témoins a fait l'observation à partir d'une berge différente et ne savait pas qu'il y avait d'autres témoins. Chacun a rapporté une étoile argentée de forme ronde se déplaçant en d'étranges manœuvres.

Des disques rouge-orangés sont apparus plusieurs fois au-dessus de la base de l'armée de l'air du Canada à North Bay. Une fois, un de ces objets a tourné en cercle, s'est divisé et a zigzagué au-dessus d'un champ durant huit minutes. Une autre fois, un disque s'est approché du sud-ouest, s'est arrêté, a survolé un champ, a changé de direction et a disparu dans un tournant ascendant.

Ce sont des douzaines de rapports du genre qui ont amené à la création du premier observatoire canadien de soucoupes volantes. Certains l'appellent la station de surveillance. La gestion de la station est sous la responsabilité du projet canadien appelé ''projet *Magnet*'' Le projet *Magnet* a été reconnu formellement il y a trois ans par le ministère des Transports avec la considération qu'il sera maintenu à l'intérieur de la section de mesures et diffusions de la division des Télécommunications et qu'aucune appropriation de fonds publics ne serait requise pour le supporter. En fait, le projet *Magnet* a été créé pour enquêter sur la possibilité que le mode de propulsion des disques soit d'origine magnétique.[3]

figure 30. Antennes de détection du site de Shirleys Bay.[4]

… Des équipements excessivement complexes et dispendieux ont été installés à l'intérieur du petit bâtiment de Shirleys Bay. Les équipements sont conçus pour détecter les rayons gamma, les fluctuations magnétiques, les bruits radio et la gravité ou le changement de masse dans l'atmosphère.

Afin de déterminer la hauteur, le patron et la conductivité des couches de gaz ionisés situées à plusieurs centaines de milles dans l'atmosphère, un réacteur ionosphérique a également été installé dans le minuscule bâtiment. [5]

L'article de *Fate magazine* se continue sur plus d'une page en détaillant les différents équipements de la station de Shirleys Bay ainsi que leur fonction, et se termine en énumérant chacun des spécialistes impliqués dans le projet. Étant donné la somme d'informations contenues dans l'article ainsi que les nombreux détails techniques qui s'y trouvent, on comprend que l'auteur de l'article en question a certainement dû contacter Wilbert Smith avant de le publier, lequel, contrairement au docteur Solandt, n'a pas été avare de commentaires, dévoilant la majorité des détails de la station de détection. Il semble bien qu'au cours de ses échanges avec le journaliste, Wilbert Smith en ait profité pour remettre les pendules à l'heure concernant le véritable nom du projet d'étude sur les ovnis du gouvernement canadien (projet *Magnet* et non *Second story*), et à quel ministère ce projet d'étude appartenait (des Transports et non pas de la Défense).

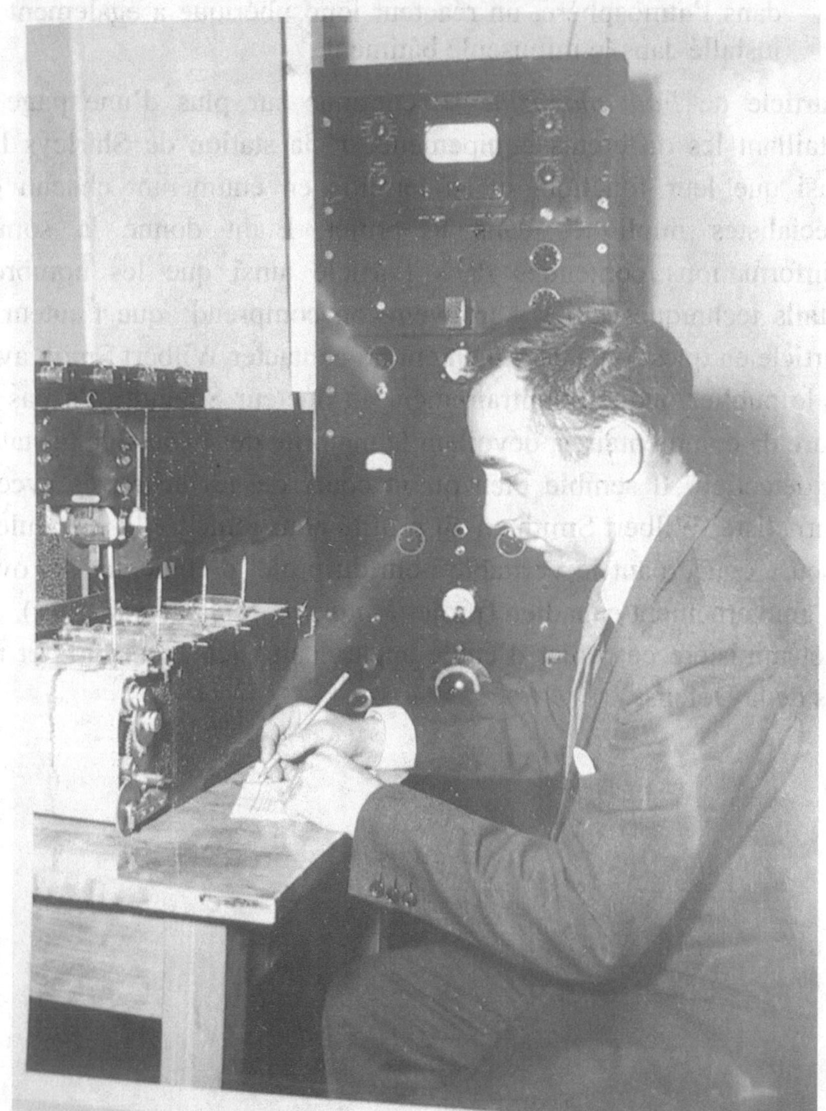

Figure31. Instruments de mesure à l'intérieur du site de Shirleys Bay.[6]

La détection d'un ovni met fin au projet *Magnet*

Il est ironique de voir dans la documentation sur le projet *Magnet* que c'est au moment même où Wilbert Smith réussit à obtenir une preuve empirique de l'existence des ovnis mesurée à partir des instruments du site de détection de Shirleys Bay, que le ministère des Transports décide de mettre fin au projet. Plusieurs chercheurs, qui suivaient le dossier de près à ce moment-là, ont fait une analyse subséquente des actions posées par le ministère des Transports et ont conclu à la possibilité d'une tentative de dissimulation d'informations se rapportant aux ovnis de la part du gouvernement canadien. C'est en tout cas ce qui transpire d'un article sur le sujet publié dans le *Canadian UFO report* dont voici un extrait traduit :

À 3 h 01 de l'après-midi du 8 août 1954, l'instrumentation de l'installation de Shirleys Bay a enregistré une perturbation inhabituelle. Selon les termes de Smith, "le gravimètre s'est déchaîné", car une déviation beaucoup plus importante que ce qui pouvait être expliqué par une interférence conventionnelle (telle que le passage d'un avion) a été enregistrée. Smith et ses collègues se sont précipités à l'extérieur pour observer un ciel totalement couvert. ''Quoi que ce soit qui était là-haut, c'était caché dans les nuages.'' La seule preuve dont ils disposaient était la déviation enregistrée sur le papier de l'enregistreur graphique.

Deux jours plus tard, le contrôleur des Télécommunications a publié une lettre type, qui a également été autorisée comme communiqué de presse, admettant que le DOT était engagé dans l'étude des ovnis depuis trois ans et demi, que des données considérables avaient été collectées et analysées, mais il n'avait pas été possible d'arriver à une conclusion définitive, et puisque de nouvelles données ne faisaient que confirmer les données existantes, il semblait inutile de pousser plus loin le projet au niveau officiel. Ceci, malgré le fait que « de

> nouvelles données [...] confirment des données existantes, ce que l'on attendrait d'une expérience scientifique positive !
>
> Le projet *Magnet* devait être abandonné, mais Smith continuerait à recevoir et à cataloguer des données de manière non officielle. Selon les mots de Smith, *Magnet* est devenu "clandestin" rejoignant probablement *Second storey*.[7]

Et l'article en question continue, en abordant le sujet de la fermeture de la station de détection avec étonnement et incompréhension, suggérant au passage la possibilité que le projet d'étude sur les ovnis était devenu clandestin. Cette possibilité évoquée par l'auteur de l'article était tout à fait plausible, car elle rejoignait la politique américaine de l'époque en la matière. L'auteur rajoute :

> La détection de ''quelque chose'' deux jours auparavant avait évidemment inspiré une action rapide. Est-il probable qu'un projet, qui avait finalement apparemment détecté ce qu'il cherchait, soit arrêté ? Justification du passage à une classification au-delà de *Top Secret* peut-être... Il est évident que des pressions ont été exercées sur Smith pour qu'il minimise ou même nie l'incident de Shirleys Bay.

Dans une lettre datée du 21 octobre 1954, en réponse à un de ses correspondants, Smith donna une brève explication sur les raisons de la fermeture du site de Shirleys Bay :

> Nous avons fermé la station de détection parce qu'elle a servi l'usage pour lequel elle avait été construite et elle ne contribuait à rien d'autre que nous ne savions déjà ou que nous pourrions découvrir par d'autres moyens. Également, ceci attirait l'attention du public, ce qui n'était pas désirable à ce moment-là. Les instruments sont toujours intacts et disponibles dans le cas où nous aurions d'autres idées.[8]

Dans cette réponse, Smith reprenait sensiblement les mêmes propos que ceux qui avaient été écrits par son supérieur hiérarchique, le contrôleur des Télécommunications, dans sa lettre du 10 août 1954 (figure 32). Même si cette situation annonçait la fermeture définitive du projet *Magnet*, Smith savait qu'il pouvait continuer ses recherches sur les ovnis, car ceci avait été annoncé officiellement dans cette même lettre, tel qu'on peut le voir dans cet extrait :

Cependant, Mr W.B. Smith, P.O. Box 51, City View, Ontario, continuera de recevoir et de cataloguer toute nouvelle donnée sur une base purement non officielle. [9]

OTTAWA, Ontario, August 10, 1954.

Dear Sir:

1.   For the past three and a half years the Department of Transport has carried on an investigation of Unidentified Flying Objects. Considerable data was collected and analysed and many attempts were made to fit these data into some sort of pattern. However, it has not been possible to reach any definite conclusion, and since new data appear to be similar to data already studied, there seems to be little point in carrying the investigation any further on an official level.

2.   It has therefore been decided that the Department of Transport will discontinue any further study of Unidentified Flying Objects and Project Magnet, which was set up for this purpose, will be dropped. However, Mr. W.B. Smith, P.O. Box 51, City View, Ontario will continue to receive and catalogue any future data on a purely unofficial basis.

Yours very truly,

Controller of Telecommunications

Above to the mimeographed and sent to correspondents.
Would also serve as Press Release.

Figure 32. Lettre du contrôleur des Télécommunications, 10 août 1954.

Traduction de la lettre du 10 août1954 (figure 32)

1. Depuis les derniers trois ans et demi, le ministère des Transports a mené une enquête sur les objets volants non identifiés. Une quantité considérable de données ont été amassées et analysées et plusieurs tentatives ont été faites pour mettre ces données à l'intérieur d'un cadre compréhensible. Étant donné qu'il n'a pas été possible d'en arriver à une conclusion définitive et que les nouvelles données semblent similaires à celles déjà étudiées, il parait inutile de continuer d'enquêter sur le sujet de façon officielle.

2. Il a donc été décidé que le ministère des Transports cessera l'étude des Objets volants non identifiés et le projet *Magnet*, lequel avait été créé à cette fin, sera abandonné. Cependant, Mr W.B. Smith, P.O. Box 51, City View, Ontario, continuera de recevoir et de cataloguer toute nouvelle donnée sur une base purement non officielle. [10]

Contrôleur des Télécommunications, 10 août 1954

Cette situation semblait faire l'affaire de tout le monde, surtout de Wilbert Smith, car il pouvait désormais étudier les ovnis selon sa propre vision des choses sans aucune autorité (ou presque) pour lui dicter une ligne de conduite stricte. Quant aux officiels du gouvernement canadien et du ministère de la Défense, ils avaient enfin trouvé une façon de se dissocier du projet d'étude officiel sur les ovnis, tout en le classifiant à un niveau semblable à celui des Américains, lequel était supérieur à *top secret*, c'est-à-dire un niveau de classification si élevé que seule une poignée d'individus triés sur le volet pouvaient accéder à l'information. Il ne leur restait maintenant qu'à se dissocier de Wilbert Smith et de ses propos se rapportant aux ovnis et le tour était joué.

La fin prématurée d'un projet prometteur

Le 20 octobre 1954, seulement deux mois après l'annonce officielle de la fermeture du projet *Magnet*, Smith répond à un correspondant en prenant grand soin de détailler ses propres convictions se rapportant aux soucoupes volantes, lesquelles étaient basées sur plus de quatre années d'étude poussée :

> Je suis personnellement convaincu que les soucoupes sont réelles quelles sont opérées par des intelligences plus avancées que nous, qu'elles ne sont pas hostiles et que ces intelligences s'associeront avec nous si nous pouvons les convaincre que nous ne sommes pas des sauvages.

> Nous apprenons graduellement beaucoup dans notre étude, mais nous sentons qu'il est prématuré de faire des révélations sur ce que nous avons découvert. Nous espérons que nous serons dans une position plus favorable dans un avenir rapproché.[11]

Gregory Kannon, un autre chercheur s'intéressant à la fermeture prématurée du projet *Magnet,* a écrit un article détaillant les circonstances de cette fermeture, qui semblait à l'époque avoir pris tout le monde par surprise :

> Dans une volte-face abrupte, Smith a annoncé, avant la session du 17 mai 1955 du Comité spécial de la Chambre des communes sur la radiodiffusion, qu'aucun ovni n'avait jamais été détecté à la station de Shirleys Bay. À peu près au même moment, le capitaine Edward J. Ruppelt (qui était auparavant enquêteur en chef sur les ovnis pour l'US Air Force) aurait été informé par des officiers du renseignement de la RCAF que ce n'est qu'officiellement que la station de Shirleys Bay avait produit des résultats négatifs. Ces développements ont conduit certains chercheurs sur les ovnis à conclure que Smith avait été réduit au silence avec succès par l'administration.[12]

Malgré le fait que les autorités supérieures continuaient à agir dans l'ombre pour maintenir le secret sur les ovnis, Smith s'exprimera ouvertement à ses correspondants sur cette fermeture inattendue et prématurée du projet *Magnet* : « Il y a un certain nombre de raisons derrière cette décision, que je ne peux approfondir, mais cela n'est pas dû à un manque de résultat.»[13]

Le 12 juin 1955, en réponse à un correspondant qui lui avait demandé un état de la situation sur le projet d'étude sur les ovnis, Wilbert Smith annonce à ce dernier que le projet était officiellement terminé, tout en lui donnant des explications sommaires sur les raisons de cette fermeture :

> Le projet *Magnet* est OFFICIELLEMENT terminé. Cependant, j'ai toujours l'équipement et les dossiers et je continue le travail entièrement par moi-même comme un projet privé. Vous voyez, j'ai dit clairement au gouvernement que la moitié de l'effort n'était pas suffisant et que cela nécessitait un effort complet, sinon de laisser tomber afin que je puisse m'en occuper à ma manière. Alors je devine qu'ils ne pouvaient justifier un tel projet tout en faisant face à l'opinion publique. Ils ont donc laissé tomber. [14]

Peut-être est-ce en réponse à une pression trop grande du public et des médias cherchant à avoir des réponses sur la situation véritable, en lien avec l'étude gouvernementale se rapportant aux ovnis, mais le 14 décembre 1954, soit plus de quatre mois après l'annonce officielle de la fermeture du projet *Magnet*, le contrôleur des Télécommunications publie une seconde lettre explicative (figure 33) en détaillant brièvement l'historique du projet et ce qui y a été accompli. Comme on peut le voir dans l'extrait suivant, il n'y a aucune référence au projet *Magnet*, ni aux travaux de Wilbert Smith, comme s'ils n'avaient jamais existé. La lettre fait plutôt référence au projet *Second story* sans toutefois en donner le nom, mais la date indiquée (1952) et la mention de la formation d'un comité sous le DRB, pour étudier les nombreuses observations d'ovnis, nous indique que c'est bien du projet *Second Story* dont il est question dans cette lettre et non pas du projet *Magnet*.

OTTAWA, Ontario.
14 December, 1954.

G/C D.M. Edwards,
VCAS/CPlans I/DAI,
Room 2536,
"A" Building,
Ottawa, Ontario.

Unidentified Flying Objects

1.   Sightings of unidentified flying objects have been recorded in the Canadian Press since the turn of the century but it was not until about 1947 that the Services took more than casual notice of these sightings. Since that date, reports of sightings have been collected by various Government Departments on a voluntary submission basis. While these reports were reviewed the data presented never appeared to warrant a systematic and scientific analysis. In 1952, however, the sightings became so numerous that the Services agreed to take a really serious look at these phenomena. Accordingly, a Committee was formed under Defence Research Board auspices, the members representing the Services and a number of other Government Departments interested in the explanation of unusual phenomena observed in the sky. The terms of reference of this Committee were mainly advisory and no attempt was made to systematically collect data.

2.   A sighting report form was prepared for the use of anyone interviewing the observer of an unidentified flying object. Instructions and notes concerning the use of this form were also prepared. An attempt was made to eliminate, as much as possible, the subjective element from the sightings. The majority of sightings reported have over-stressed irrelevant personal opinions rather than the straight-forward objective facts. Factors for assessing the reliability of any report were also suggested. To make possible the systematic recording of the most important facts of any sighting a form for card catalogue listing was designed, together with instructions for the filing of information from any sighting.

....../2

Figure 33. Mémo du contrôleur des Télécommunications sur les soucoupes volantes, 14 décembre 1954.

Probablement était-ce parce que Smith avait partagé trop d'informations sensibles aux yeux des autorités supérieures qu'on utilisait ce genre de ruse pour éviter à tout prix que les gens soient tentés d'aller chercher du côté du projet *Magnet* pour avoir des informations se rapportant aux ovnis, parce que comme on l'a vu dans les pages précédentes, il y a suffisamment d'informations pertinentes au sein des documents du projet *Magnet* pour répondre à plusieurs questions d'intérêt se rapportant aux ovnis. Voici donc la retranscription intégrale de cette fameuse lettre du 14 décembre 1954:

Objets volants non identifiés

1. Des observations d'objets volants non identifiés ont été rapportées dans la presse canadienne depuis le tournant du siècle, mais ce n'est que vers 1947 que les services ont commencé à avoir un regard plus sérieux sur ces observations. Depuis cette date, des rapports d'observation ont été amassés par divers ministères gouvernementaux sur une base volontaire. Alors que ces rapports ont été vus, les données présentées n'ont jamais semblé requérir une analyse scientifique systématique. En 1952, cependant, les observations sont devenues tellement nombreuses que les services ont accepté de jeter un regard vraiment sérieux sur ces phénomènes. Par conséquent, un comité a été formé sous les auspices du Conseil de recherches de la Défense, les membres représentant les services et un nombre d'autres ministères gouvernementaux intéressés à expliquer les phénomènes inhabituels observés dans le ciel. Les termes de référence de ce comité étaient principalement consultatifs et il n'y a eu aucune tentative pour collecter des données de façon systématique.

2. Un formulaire de rapport d'observation a été préparé pour l'usage de quiconque voulant interviewer un témoin d'observation d'objet volant non identifié. Des instructions et des notes concernant l'usage de ce formulaire ont également été préparées. Une tentative a été faite pour éliminer autant que possible l'élément subjectif des observations. La majorité des observations rapportées ont beaucoup trop d'opinions personnelles sans importance plutôt que des faits objectifs

directs. Des facteurs pour évaluer la fiabilité de tout rapport ont également été suggérés. Un formulaire de référencement sous forme de carte-catalogue a été conçu pour permettre l'enregistrement systématique des faits les plus importants se rapportant à toute observation, incluant les instructions pour aider à remplir les informations provenant de n'importe quelle observation. [15]

À la lecture de cette lettre, une question légitime se pose : pourquoi est-ce le contrôleur des Télécommunications du ministère des Transports qui est à l'origine de cette tentative d'explication de la situation si le projet d'étude sur les ovnis était sous la responsabilité du Conseil de recherches de la Défense ? Normalement, ça aurait dû être l'ancien directeur du projet, ou à tout le moins, un des représentants du DRB, qui aurait dû s'acquitter de cette tâche. Mais comme c'est cet individu (le contrôleur des Télécommunications) qui est cité dans le fameux mémo de Smith comme étant responsable du projet *Magnet* en raison de sa position d'autorité au sein du ministère des Transports, il est compréhensible que ce soit lui qui doive faire le point sur la situation. En dépit de tous les efforts qui ont été faits pour détourner l'attention des gens et des médias du projet *Magnet* et de son créateur, Wilbert Smith a toujours été vu comme étant la véritable référence en matière ovni, et ce, même plusieurs années après la fermeture officielle du projet *Magnet*. Son professionnalisme et son honnêteté lui ont valu le respect de ses pairs et des personnes transitant dans son entourage, à tel point que ses supérieurs n'avaient d'autres choix que de le laisser faire à sa guise, et ce, même si ça consistait à créer un malaise avec nos puissants voisins du sud lorsqu'il était question de partager des informations se rapportant aux ovnis. Comme il le dira dans l'extrait suivant, lequel est tiré d'une correspondance avec Donald Keyhoe, directeur du NICAP et célèbre auteur des années 1950 de livres sur les soucoupes volantes :

Certains officiels dans mon gouvernement sont au courant de mes contacts avec ces personnes et ils veulent bien me laisser le faire à ma façon. Je suis convaincu que ce sera dans les meilleurs intérêts de la race humaine. J'ai appris beaucoup, mais je suis un jeune enfant essayant d'assimiler un cours de

> niveau universitaire. Crois-moi, il m'a été montré un aperçu
> d'une philosophie et d'une technologie allant presque au-delà
> de toute compréhension. Je ne suis pas le seul, car il y a
> quelques personnes qui ont su gagner la confiance de ces êtres
> et en reçoivent les enseignements. [16]

L'annonce officielle de la fermeture du projet *Magnet* ne semblait pas avoir diminué la motivation de Wilbert Smith, ni son désir d'en savoir davantage sur les ovnis, car on voit dans sa correspondance subséquente à cette fermeture qu'il était encore très actif dans sa démarche pour découvrir les mystères entourant le phénomène. D'ailleurs, il est bien possible qu'en dépit de la fermeture officielle du projet *Magnet* ainsi que du retrait définitif des officiels impliqués, ces démarches ne semblent pas avoir été suffisantes pour réduire les ardeurs de Smith quant à son implication dans l'étude des ovnis et au partage public d'informations qui s'y rapporte. Toutefois, conséquemment à l'attitude apparemment désinvolte de Smith quant au désir de discrétion des autorités supérieures à propos des ovnis, d'autres actions furent prises de la part de ces éminences grises pour le forcer à garder un profil bas. Il est évident que du point de vue des services de renseignements, Wilbert Smith a toujours été vu comme une épine dans le pied de ceux qui représentaient les autorités supérieures, ces derniers devaient certainement retenir leur souffle à chaque fois que Smith s'exprimait publiquement à propos des ovnis. En 1960, Wilbert Smith a été invité dans le cadre d'une émission télévisée sur les soucoupes volantes. Au cours de cette émission spéciale, plusieurs questions d'intérêt ont été posées à Smith, qui a répondu à chacune d'elles avec franchise et circonspection. En dépit de ses efforts pour ne pas divulguer d'informations classifiées, il est possible que certaines de ses réponses aient attiré l'attention des services de renseignements américains, au point où ces derniers ont senti qu'ils devaient intervenir pour faire taire ce Canadien trop loquace.

CHAPITRE V
L'APRÈS-PROJET *MAGNET*
Wilbert Smith, pionnier de l'ufologie

Il semble qu'après la fermeture officielle du projet *Magnet*, Smith était devenu totalement hors de contrôle, car même s'il donnait l'impression de faire attention aux informations qu'il dévoilait publiquement, il était devenu beaucoup plus loquace à propos des ovnis qu'il ne l'eût été alors qu'il était sous l'autorité du ministère des Transports avec le projet *Magnet* et du ministère de la Défense nationale avec *Second story*.

Bien que le projet *Magnet* fut classé secret à l'origine, et certaines de ses facettes encore davantage, Wilbert Smith discutait ouvertement avec plusieurs individus de quelques aspects de ses recherches. Comme aucun représentant gouvernemental avant lui n'avait osé prendre position publiquement sur le sujet, il sera vu en peu de temps par l'ensemble de la communauté scientifique, des militaires et de la population civile comme étant la référence canadienne en matière d'ovnis. D'ailleurs il est intéressant de voir dans une lettre écrite par un chef d'escouade de l'armée de l'air du Canada (figure 34), en réponse à un rapport d'observation d'ovnis, qu'en 1957 ce dernier considérait toujours Wilbert Smith comme étant le responsable du projet ovni tel que l'on peut le lire dans l'extrait suivant qui en est tiré :

> Comme il s'agit d'un de ces quelques rapports qui ont éveillé l'attention de nos analystes nous l'avons fait parvenir à Mr W.B. Smith, le président canadien du Comité des objets volants non identifiés. Ce comité est d'aspect international et étudie les rapports valables au Canada et aux États-Unis.[1]

Son approche ouverte, mais critique, lui a valu le respect de ses pairs. Smith traitait du sujet avec toute la rigueur professionnelle et scientifique qu'il a su démontrer avant d'accéder au poste d'ingénieur en chef des Télécommunications du ministère des Transports. Malgré un horaire très chargé conséquemment à ce projet, il faisait en sorte de répondre au meilleur de ses connaissances, aux nombreuses lettres qui lui étaient adressées, autant par des militaires que par des civils en quête d'informations se rapportant aux ovnis.

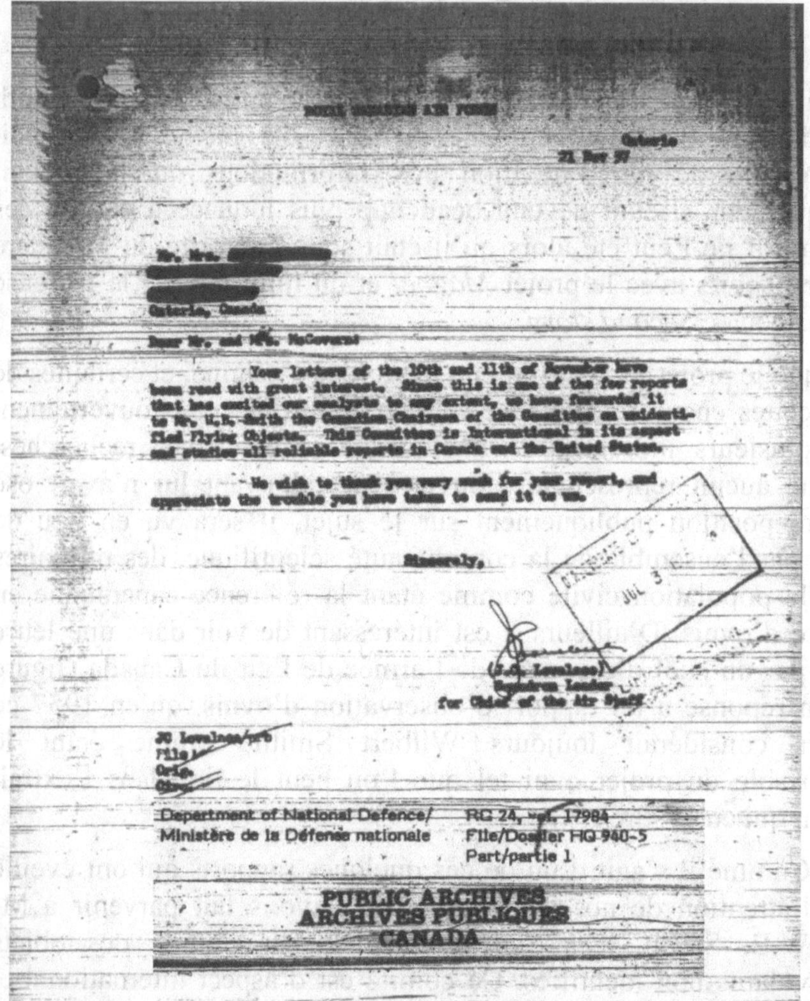

Figure 34. Lettre d'un chef d'escouade de l'armée de l'air, 21 novembre 1957.

Retranscription de la lettre d'un chef d'escouade de l'armée de l'air

Xxxxxxxxxxxxxxxxxx
ROYAL CANADIAN AIR FORCE

Ontario
21 Nov 57

Mr.Mrs. XXXXXXXXXX
XXXXXXXXXXXXXX
XXXXXXXXXXXXX
Ontario, Canada

Dear Mr. and Mrs. McCovers,

Your letters of the 10th and the 11th of November have been read with great interest. Since this is one of the few reports that has excited our analysts to any extend, we have forwarded it to Mr. W.B. Smith, the Canadian Chairman of the Committee on unidentified Flying Objects. This Committee is international in its aspect and studies all reliable reports in Canada and United States.

We wish to thank you very much for your report, and appreciate the trouble you have taken to send it to us.

Sincerely,

(J.C. Lovelace)
Squadron Leader
for chief of the Air Staff

Department of National Defense/   **RG 24, vol. 17984**
Ministère de la Défense nationale   **File/Dossier HQ 940-5**
                                                   Part/ Partie 1

PUBLIC ARCHIVES
ARCHIVES PUBLICS   CANADA

Au début des années 1960, Smith étant considéré « l'expert » canadien en matière d'ovni, il fut invité, dans le cadre d'une émission spéciale, à répondre à une série de questions se rapportant aux ovnis. On peut voir dans l'extrait qui suit son hésitation à divulguer certaines informations et son incompréhension envers ceux qui désirent maintenir le sujet ovni secret :

CJOH TV : Avez-vous déjà manipulé vous-même quelque chose provenant d'une soucoupe volante?

W. Smith : Si par cela vous voulez dire une évidence matérielle fabriquée à partir d'un effort intelligent et ne provenant pas de cette planète, oui. Mais je ne peux pas dire en toute connaissance de cause que cela n'ait jamais fait partie d'une soucoupe volante. Malheureusement, la plupart de mes contacts dans le milieu sont dans un réseau et, pour des raisons particulières qui m'échappent, ont insisté pour « classifier » ce matériel et je n'ai pas la liberté d'en discuter davantage.

CJOH TV : Donc, selon ce que vous dites, vous avez étudié activement les soucoupes volantes depuis les dix dernières années. Qu'avez-vous découvert à leur sujet ?

W. Smith : Il y a des évidences indiquant que ceux qui ont construit et qui pilotent les soucoupes sont des personnes nous ressemblant. Elles ont été vues en de nombreuses occasions et il y a plusieurs témoins prétendant avoir été en contact avec elles. Des communications avec ces personnes nous apprennent qu'elles sont nos parents éloignés, que nous sommes les descendants de leur colonie sur cette planète et qu'ils nous voient encore comme des frères même si nous n'agissons pas souvent comme tel.

Nous savons que ces personnes sont très civilisées, dans le sens où elles voient tous les hommes comme des frères ; qu'elles n'ont pas de guerres et vivent dans des conditions de liberté que nous ne pouvons même pas concevoir.

CJOH TV : Savez-vous pour quelle raison nous sommes visités par les soucoupes présentement?

W. Smith : Il y a plusieurs preuves dans l'Histoire, dans les légendes et dans la Bible que les soucoupes volantes ont visité cette planète en de nombreuses occasions dans le passé et que les visites actuelles ne sont rien de nouveau; c'est simplement un peu plus intense que dans le passé et nous avons de meilleurs moyens pour répandre les nouvelles. Je pense que ces individus provenant d'ailleurs sont soucieux de nos expériences avec l'énergie atomique, de nos plans de voyages spatiaux et de nos futures explorations et conquêtes interplanétaires. Je suis sûr qu'ils ne nous tiennent pas en très haute estime et qu'ils sont inquiets de savoir ce que nous pourrions faire si jamais nous en venions à nous déployer librement dans l'espace, armés jusqu'aux dents avec des armes nucléaires. [2]

Malgré le fait qu'il n'était plus responsable du projet *Magnet* à ce moment-là et qu'officiellement le gouvernement canadien n'étudiait plus les ovnis, on voit bien dans ses réponses que certaines personnes à l'intérieur de son réseau de contacts ont probablement signifié à Wilbert Smith que certains aspects du sujet ovni devaient rester classifiés, notamment ceux en lien avec les débris récupérés d'ovnis *crashés*. Smith était très conscient qu'il ne pouvait pas dévoiler tout ce qu'il avait appris dans son projet d'étude. Si logiquement le projet *Magnet* avait cessé faute de progrès (ce qui ne semblait pas être le cas), on ne chercherait sûrement pas à en cacher les résultats. Pourtant, lorsque certaines personnes cherchent à connaître des détails du défunt projet, même quatre ans après sa fermeture officielle, Smith dira encore : « Malheureusement toutes les activités du projet *Magnet* à l'intérieur de la structure du gouvernement sont classifiées... »[3]

Figure 35. Caricature de John Diefenbaker dans un journal d'Ottawa, avril 1961.

Cette caricature (figure 35) a fait la manchette des journaux d'Ottawa en avril 1961,[4] elle représente le premier ministre canadien de l'époque, John Diefenbaker, devant le Parlement d'Ottawa et entouré de soucoupes volantes (était-ce l'entrevue de Wilbert Smith à CJOH TV quelques mois plus tôt qui a été à l'origine de cette campagne de dénigrement médiatique ?). La caricature accompagnait un article au sujet de Wilbert Smith et de son intérêt pour les soucoupes volantes et les technologies qui leur seraient associées. Il semble qu'en dépit du fait qu'il avait été annoncé officiellement que le projet *Magnet* avait été arrêté, des individus étaient à l'œuvre pour que Wilbert Smith cesse totalement ses recherches sur les ovnis, et cesse surtout de partager ses résultats et conclusions publiquement. Avec un peu de recul, il semble évident que le but de l'article servait davantage à mettre le premier ministre et son gouvernement dans l'embarras plutôt que d'informer le public. Par ce genre de manœuvre, on voulait ridiculiser le sujet ovni et discréditer ses promoteurs. Cette façon de faire est typique des opérations psychologiques menées par la CIA, qui avait le mandat depuis 1947 de détourner l'attention du public de tout ce qui se rapportait aux ovnis tout en discréditant tout individu ou organisme partageant ouvertement ses idées sur la question. Mais Wilbert Smith ne se laissait pas distraire par ce genre de stratagème, car il savait très bien qu'un combat était à l'œuvre entre deux groupes et que l'avenir de notre civilisation en était l'enjeu. Smith avait d'ailleurs consacré un article entier sur le sujet, qu'il avait intitulé : *la bataille pour influencer l'esprit humain*.

La bataille pour influencer l'esprit humain
Par Wilbert Smith

Je propose de donner au lecteur un avertissement concernant un grave danger auquel nous devons tous faire face consciemment ou inconsciemment. Cette lutte dure depuis des temps immémoriaux, mais jamais dans l'histoire humaine ce conflit n'a été aussi intense qu'il ne l'est en cette ère actuelle de confusion et de troubles. Anciennement, le genre humain a souffert physiquement d'innommables choses au nom du pouvoir, mais aujourd'hui avec l'esprit de l'homme plus développé et mieux éduqué, il fait maintenant face à la perspective d'un raffinement d'une cruauté mentale et spirituelle encore plus grande - à moins qu'il ne soit préparé à se protéger avec de bonnes pensées.

Les deux grandes forces impliquées dans la tentative d'influence de l'esprit humain peuvent être décrites ainsi, l'une comme étant positive, par exemple des pensées d'harmonie avec le concept de l'amour de Dieu et la fraternité de l'homme, l'autre étant négative, celles qui englobent des motifs anti-christiques conçus pour contrôler les humains à des fins de pouvoir. Cette bataille pour l'esprit humain est engagée sur deux fronts, le physique et le métaphysique, et le but de ce combat est de provoquer soit le salut spirituel, soit la destruction de l'*Homo sapiens*.

Pour traiter d'abord les aspects physiques, peu importe à quel point nous nous efforçons tous d'être forts d'esprit et individualistes, nous sommes tous subtilement influencés par la parole et l'écrit, et d'autres formes de communication de la pensée, en particulier par l'intermédiaire des livres, des journaux, de la radio et de la télévision.
Dans ce dernier domaine, tel (que les commanditaires ne le savent que trop bien), même les ''publicités'' jouent un rôle

important dans nos décisions pour acheter certains produits. Dans nos vies professionnelles et sociales, nous sommes souvent influencés par les pensées des autres, et certaines personnes trop apathiques pour se faire leurs propres opinions sont prêtes à accepter les opinions de ceux au discours plus articulé, et à les intégrer dans leur façon de voir les choses. Dans nos relations de tous les jours, un peu de bon, de mauvais ou d'indifférent, comme cela peut parfois être, nous côtoie et influence nos pensées.

Dans le domaine de la politique, souvent un domaine de mauvaise interprétation dans le but d'obtenir plus de votes, des pressions encore plus fortes sont exercées et nous sommes souvent influencés par la rhétorique apparemment convaincante d'habiles politiciens.

Mais c'est dans le domaine de la politique internationale que réside le danger le plus grave, car c'est là que les enjeux sont les plus importants et que la soif de puissance est la plus grande. Pour cette raison, plusieurs d'entre nous sont passés à travers les horreurs d'au moins une, sinon deux guerres mondiales. Mais analysons en premier comment ces deux guerres sont survenues. Dans chacun des cas, quelques hommes de pouvoir au grand charisme ont été capables d'influencer et d'organiser l'esprit du petit peuple à un tel niveau d'hypnose collective que la nation entière a cru qu'il s'agissait d'une vraie cause pour se battre. Plusieurs d'entre nous qui ont regardé les livres d'histoire ont observé la montée militariste du fascisme et du nazisme et, à cause du mal qu'il engendrait contre lequel le peuple libre devait lutter, nous avons été éventuellement témoin de la chute finale et de la destruction amenées par ces personnes mal guidées qui ont permis à leur esprit de se laisser guider par d'avares despotes cherchant seulement à obtenir davantage de pouvoir. L'unité dans un pays est une bonne chose quand elle est dirigée pour le bien-être de son peuple, mais quand elle est utilisée pour persécuter les autres dans le but d'arriver à ses fins, cela devient un outil du mal et le triomphe des forces négatives. Écraser les forces du mal de la Seconde Guerre mondiale, cependant, n'a pas apporté la paix dans le monde, et peu de temps après, pour exactement la même raison (une poignée d'individus contrôlant les masses), nous nous retrouvons impliqués dans une longue guerre froide contre l'U.R.S.S. et virevoltant aux abords d'une troisième guerre totale qui pourrait bien se terminer par l'annihilation de toutes les créatures vivantes de cette planète.

Ce n'est pas le temps d'avoir des pensées confuses et apathiques – souvent un lieu fertile pour de futures pensées négatives. Nous ne pouvons pas être non plus que les récepteurs et disséminateurs des pensées que nous captons. Au lieu de cela nous devons nous mettre du côté de la transmission et projeter des pensées positives de bien-être pour tous. [5]

Wilbert Smith et les débris d'ovnis *crashés*

Il semble qu'au début des années 1960, des rumeurs concernant des débris provenant de soucoupes volantes qui s'étaient *crashées* allaient bon train, car il y a plusieurs allusions en lien avec ce sujet particulier dans la correspondance de Smith, tel qu'on peut l'observer dans les extraits suivants qui en proviennent :

> Vous semblez être intéressé aux morceaux d'ovnis. Il y en a pas mal dans les environs, la plupart étant dans les mains des officiels américains (pas l'Air Force), mais il y en a suffisamment aussi dans les mains de particuliers. Il y a également beaucoup de morceaux dont on n'a pu prouver l'origine extraterrestre, mais qui sont probablement les débris d'un grand vaisseau ayant subi un accident dans notre système solaire il y a quelques années. L'échantillon ci-joint en est un morceau. [6]

Ainsi, Smith aurait eu en sa possession des débris provenant de l'écrasement de vaisseaux extraterrestres que les autorités américaines lui auraient cédé pour le besoin de ses recherches. Il dira à ce propos dans une de ces correspondances :

> D'excellentes sources m'ont informé que des soucoupes se sont écrasées et ont été récupérées par des personnes de notre planète. J'ai même manipulé quelques « artéfacts », mais tout ceci est caché profondément à l'intérieur de projets classifiés... [7]

> Lorsque vous posez des questions, s'il vous plaît soyez certain que la question que vous posez répond exactement à ce que vous voulez savoir. Si vous posez la question : ''Est-ce que l'armée de l'air a en sa possession des débris de soucoupe?'' on vous répondra : '' Non, les débris ne sont pas détenus par l'armée de l'air. '' [8]

En observant les caractéristiques du croquis de la figure suivante (figure 36), qui faisait partie du lot de documents du projet *Magnet* du fonds d'archives spéciales Arthur Bray, on est forcé de constater que Smith a eu accès à beaucoup plus que de simples débris sans importance provenant d'ovnis *crashés*, car dans la description du croquis suivant, on comprend que l'item restauré à partir duquel le croquis a été dessiné serait en fait un générateur spatial. Autrement dit, un dispositif servant à la propulsion d'un vaisseau spatial. Les propos de Smith au sujet des artéfacts récupérés sont éloquents, dans le sens où on peut voir que bien qu'officiellement autant aux États-Unis qu'au Canada, c'était l'armée de l'air qui était souvent mise sur les devants de la scène pour répondre aux questions en lien avec la situation sur les ovnis, quand en réalité, il semblait y avoir une autre structure ou une organisation clandestine qui tirait les ficelles en coulisse, mais dont Smith ne fera jamais mention directement en dehors de les appeler les officiels ou l'autorité supérieure, laquelle autorité sera identifiée plus tard comme étant le complexe militaro-industriel. Cette dénomination a vu le jour le 17 janvier 1961 durant le discours d'adieu du président Eisenhower. Impliqué lui-même dans de nombreux incidents de nature ufologique durant la Seconde

Guerre mondiale à titre de général cinq étoiles, Eisenhower a tôt fait de réaliser que des individus peu scrupuleux tentaient d'utiliser le pouvoir que leur donnait la connaissance issue de la rétro-ingénierie de vaisseaux extraterrestres récupérés, pour réaliser un agenda où tous les humains de cette planète seraient soumis à l'esclavage et contrôlés par une poignée d'individus, ces derniers étant eux-mêmes sous l'influence d'entités négatives d'origine extraterrestre.

De plus, certaines histoires racontent qu'Eisenhower aurait eu l'opportunité de rencontrer des représentants extraterrestres plus d'une fois alors qu'il était président. Il est bien possible que ce soit au cours de l'une de ces rencontres qu'il a été mis en garde contre les motivations réelles qui se cachaient derrière les agissements des entités négatives, car quelque temps après ces rencontres qui auraient eu lieu autour de 1954, Eisenhower a posé un certain nombre de gestes dont la création de la NASA en 1958. Il aurait également soumis une requête au comité *Majestic*-12 pour être informé de toutes leurs activités en lien avec les ovnis. Eisenhower aurait aussi mis son successeur John F. Kennedy au courant de la situation se rapportant aux ovnis et à la présence extraterrestre. Si on en croit l'extrait suivant, on remarque que Wilbert Smith aurait été informé que des gouvernements, et par le fait même, leurs dirigeants, étaient informés d'une présence extraterrestre :

> J'ai été informé que tous les gouvernements ont été officiellement tenus au courant de l'existence et de la réalité des peuples d'ailleurs, mais il n'y a aucune pression pour forcer les gouvernements à les accepter, ceci étant de la responsabilité de chacun... [9]

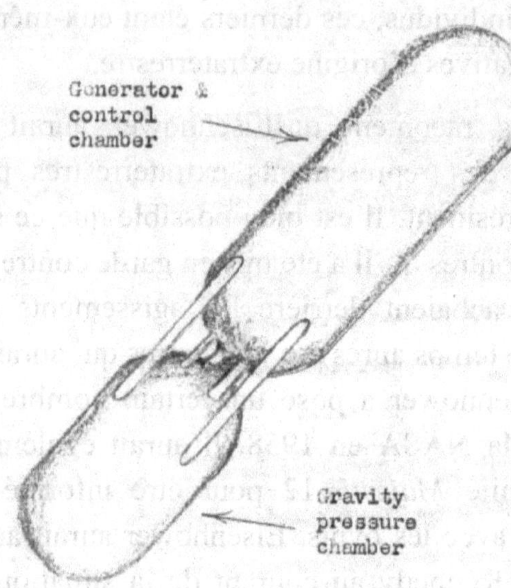

Figure 36. Croquis descriptif de débris d'ovni *crashé*.

Les rencontres entre dirigeants et extraterrestres

Outre le fait que Wilbert Smith disait ouvertement que les gouvernements auraient été tenus au courant de l'existence des peuples venus d'ailleurs, il n'y a malheureusement aucun détail dans la documentation du projet *Magnet* qui pourrait nous informer davantage sur la question. Pour en savoir davantage sur la possibilité que des dirigeants auraient été en contact avec des extraterrestres, il faut donc se tourner vers d'autres sources d'information telle que des témoignages d'informateurs ayant œuvré à l'intérieur d'organismes détenant ce genre d'information. L'extrait suivant est tiré du témoignage de Don Phillips de Lockheed Skunkworks et ancien militaire de l'US Air Force, ayant également œuvré au sein de la CIA. Pour ce qui est de Lockheed Skunkworks, cette compagnie privée fait partie des compagnies du domaine aérospatial reconnues pour développer des technologies d'avant-garde tirées de la rétro-ingénierie d'ovnis *crashés* et récupérés. Contrairement aux organismes gouvernementaux, les compagnies privées n'ont pas de comptes à rendre à la population quant à leurs activités, Il s'agit donc du meilleur endroit pour cacher des choses de cette nature. C'est probablement la paranoïa engendrée par l'avènement de la Guerre froide qui a incité les dirigeants américains à agir de la sorte. Ce témoignage de Don Phillips, donné en décembre 2000 dans le cadre du projet Révélation, évoque la rencontre du président Eisenhower en 1954 avec des extraterrestres :

> Nous avons des documents de 1954 à propos de rencontres entre nos dirigeants et des extraterrestres ici en Californie. Et, tel que je le comprends de la documentation écrite, on nous a demandé si nous leur permettions d'être ici et de faire de la recherche. J'ai lu que notre réponse était : ''Bien, mais comment pouvons-nous vous en empêcher? Vous êtes si avancés.'' Et je dirai devant cette caméra que c'était le président Eisenhower qui a eu cette rencontre. Et c'était sur film, un peu comme nous faisons actuellement. Le rapport de l'OTAN sur la question disait qu'il y avait 12 races. [10]

Il est bien possible qu'autant les extraterrestres bienveillants que ceux ayant des plans sinistres aient demandé à rencontrer certains dirigeants de notre planète avant d'entreprendre quoi que ce soit, car cette démarche devait faire partie des protocoles obligatoires dictés par les lois galactiques de non-intervention, ce qui serait tout à fait logique. Les informations contenues dans le témoignage de Don Phillips suggèrent la possibilité que le type d'extraterrestres rencontrés par le président Eisenhower à cette occasion n'avaient pas des intentions altruistes (ils étaient là pour faire de la recherche). La réaction est quant à elle assez éloquente sur le sentiment des personnes impliquées dans cette possible rencontre : ils se sentaient totalement impuissants face à ces entités et à leur puissante technologie. Toutefois, Don Phillips n'est pas le seul témoin à rapporter une telle rencontre avec le président Eisenhower. L'ancien député du New Hampshire, Henry McElroy jr, a déclaré le 8 mai 2010 devant la caméra :

> Quand j'étais à la législature de l'État du New Hampshire, je servais au sein du comité des vétérans et aux relations d'affaires fédérales de l'État du New Hampshire. Il était apparemment important qu'à titre de représentant d'un peuple souverain qui m'avait élu à ce poste honorable, je devais être informé d'un grand nombre de sujets relatifs aux affaires de notre peuple et de notre nation. Tel que je l'ai compris, certains de ces sujets courants ont été examinés et catégorisés comme étant des questions se rapportant à des affaires de niveau fédéral, d'État, de développement local et de sécurité. Ces documents sont liés à différents sujets, certains s'étendent sur des décennies de l'histoire de notre nation. Un des sujets récurrents est la raison pour laquelle je m'adresse à vous ce soir. J'aimerais soumettre à notre nation mon témoignage personnel se rapportant à un document relatif à un de ces sujets d'actualité que j'ai vu alors que je servais au sein du comité des affaires fédérales des relations d'État et des vétérans. Le document que j'ai vu était une lettre officielle de recommandation destinée au président Eisenhower. Du mieux que je me rappelle, ce document était empreint d'un sentiment d'espoir informant le président Eisenhower de la présence continue d'êtres extraterrestres ici aux États-Unis d'Amérique.

Le document semblait indiquer qu'une rencontre entre le président et certains de ces visiteurs pouvait être organisée comme il se devait, si désirée. Le ton du document m'indiquait qu'il n'y avait aucune inquiétude à y avoir, étant donné que ces visiteurs ne causaient aucun trouble et ne semblaient pas avoir l'intention d'en causer, ni à l'époque, ni plus tard. Je ne suis pas en mesure de vérifier la date ni le lieu de cette rencontre, ou si cette rencontre entre Eisenhower et ces visiteurs a bel et bien eu lieu, mais en raison de son optimisme lors de son discours d'adieu en 1961, je crois personnellement qu'Eisenhower a bien rencontré ces astronautes extraterrestres. J'espère que mon témoignage personnel sera utile pour la nation dans sa quête continuelle d'illumination. Je suis honoré de suivre les traces de ceux qui sont allés de l'avant avec leurs témoignages personnels, car ils méritent l'admiration du peuple américain pour avoir partagé leurs récits publiquement et dans un effort pour élever notre connaissance à un niveau supérieur de compréhension sur notre existence. [11]

Les récits de rencontres entre certains dirigeants et des extraterrestres sont assez courants dans les milieux ufologiques, à tel point que ceux-ci sont plutôt vus comme étant des mythes, de la part de certains ufologues, et ce, même si les sources sont des plus crédibles et de bonne foi. Parmi les raisons du scepticisme devant les récits de ces fameuses rencontres humano-extraterrestres : le manque d'éléments factuels qui viendraient appuyer ces propos. Comme on l'a vu précédemment, il semble que des documents, et possiblement des films documentant de telles rencontres, existent quelque part dans des archives documentaires secrètes de gouvernements. En dépit de l'absence de ces documents qui viendraient prouver hors de tout doute que ces rencontres ont bel et bien eut lieu, il est facile de reconnaître que parmi toutes les observations d'ovnis rapportées dans le courant des années 1950 et 1960, certaines d'entre elles consistaient en des visiteurs qui étaient là pour rencontrer des représentants de notre planète pour leur partager des informations importantes.

L'étude des informations obtenues de ses recherches du phénomène ovni a permis à Wilbert Smith de découvrir qu'il y avait plusieurs groupes d'extraterrestres différents qui semblaient s'intéresser à notre planète et à ce qui s'y passait. Selon ce qu'avait appris Wilbert Smith, l'utilisation récente d'armes atomiques et les risques de guerres nucléaires figuraient en tête de liste des raisons qui avaient incité des extraterrestres à venir nous visiter en si grand nombre durant cette époque trouble de guerres et de tensions géopolitiques.

CHAPITRE VI
PRÉSENCE EXTRATERRESTRE
Messages de contacts extraterrestres

Il y a plusieurs groupes de personnes qui ont eu des contacts avec des extraterrestres et j'essaie de mettre les morceaux ensemble afin d'identifier et de connaître les intentions de ces différents visiteurs.[1]

Peu de gens connaissent cet aspect particulier de la recherche de Wilbert Smith menée suite au projet *Magnet*, qui est l'information qu'il aurait reçue lors de certains contacts extraterrestres. N'ayant pas eu la chance d'être contacté directement par les extraterrestres, Wilbert Smith mentionna à ce propos dans une lettre adressée à un de ses correspondants :

> Jusqu'à présent, je n'ai pas eu la chance de rencontrer directement ces personnes, tous mes contacts se font par des moyens intermédiaires ou d'autres personnes. Les gars d'en haut m'ont avisé que dans mon cas, ils le font de cette manière pour une raison spécifique, mais ils n'ont pas élaboré davantage. Il m'a également été dit qu'il y a plusieurs autres contacts qui ont été faits. [2]

Ne se limitant pas aux enseignements philosophiques et spirituels, les messages de contacts extraterrestres contenaient parfois des informations historiques se rapportant aux origines inconnues de l'espèce humaine :

> Cependant, Affa nous a dit que la race humaine est incroyablement ancienne selon nos propres standards et que nous sommes tous de même constitution. Aussi, que la race (humaine) est distribuée de façon extrêmement étendue autant dans notre système solaire que dans les autres.[3]

Wilbert Smith disait à propos des messages de sources extraterrestres reçus par ces intermédiaires, que les informations qu'ils contiennent sont plus importantes que celles qu'il a obtenues durant le volet scientifique, car selon lui, appliquer les principes spirituels et philosophiques tels que partagés par les frères de l'espace aiderait notre espèce à régler de nombreux problèmes qui affligeaient la société à l'époque. En faisant référence comme précédemment à une bataille entre deux groupes distincts s'intéressant aux affaires humaines, il dit :

> Les messages reçus à travers des sources ésotériques, provenant supposément de frères de l'espace qui seraient intéressés par le bien-être spirituel des habitants de notre planète, nous avertissent qu'un conflit plus important fait rage au plan métaphysique, où des êtres intelligents provenant de niveaux spirituels à la fois inférieurs et supérieurs au nôtre sont engagés dans une bataille féroce pour l'esprit humain. Les forces inférieures ou négatives qui se sont damnées elles-mêmes par des pensées négatives projettent de fortes pensées en direction de la Terre dans une tentative de causer notre chute spirituelle. D'un autre côté, des frères de l'espace et d'autres gardiens spirituels de notre planète se concentrent aussi fortement pour envoyer des pensées positives de bonne volonté et d'amour fraternel. Ainsi nous sommes bombardés, depuis le plan métaphysique, par deux écoles de pensée antagonistes et, le libre arbitre étant le critère de l'évolution spirituelle, il est de notre propre choix de déterminer lequel des deux nous choisissons d'accepter. Cependant, d'un point de vue purement logique, si nous voulons nous éviter beaucoup de misère autant dans cette vie que dans celles à venir, nous devons nous armer mentalement contre l'assaut des pensées négatives.[4]

La force de police cosmique

Dans un article intitulé *La force de police cosmique,* écrit par Wilbert Smith, il est question de messages d'avertissement provenant d'extraterrestres concernant notre utilisation d'armes atomiques et les conséquences négatives qu'elles engendrent, expliquant par le fait même la présence subite et nombreuse de différentes espèces extraterrestres dans le voisinage terrestre, dont la force de police cosmique, constituée des membres d'une organisation de planètes unies provenant de planètes ayant atteint un certain niveau d'évolution spirituelle :

> L'objectif principal du rôle protecteur de la force de police cosmique est de permettre aux habitants de la planète Terre d'évoluer selon leur propre mérite sans influence indue provenant des forces positives ou négatives. C'est la loi cosmique. Cependant, nous ne devons pas permettre à notre connaissance du travail de la force de police cosmique de nous rendre apathiques et de nous donner un faux sentiment de sécurité, car lorsqu'il est question de développement spirituel, nous devons agir de nous-mêmes, tels que les frères de l'espace nous l'ont rapidement signifié. Alors que la force de police cosmique peut nous protéger des influences externes, elle ne peut nous protéger de nous-mêmes ou de notre propre liberté de pensée.

Dans ce même article qui a été publié dans la revue *Top side*, Smith explique comment les essais nucléaires ont contribué à attirer et à faire pénétrer des entités négatives provenant des plans astraux inférieurs à un point tel que l'envoi de cette force de police cosmique vers notre monde fut requis, afin de minimiser l'impact que pourrait causer la présence de ces entités négatives sur notre planète. Smith a expliqué cette situation de la façon suivante, ces explications qui provenaient de certains messages de contacts avec des extraterrestres bienveillants :

> On nous a expliqué que l'explosion d'armes nucléaires (une force négative) n'a pas que déchiré des parties de l'atmosphère protectrice de la Terre (qui, si cela continue, pourrait subir des conséquences physiques drastiques causant de violents phénomènes météorologiques, des inondations, des tremblements de terre, des mutations génétiques causés par une augmentation de la radioactivité, etc.), mais ces explosions massives ont, par leur nature négative, également endommagé l'enveloppe métaphysique protectrice entourant cette planète, permettant ainsi à des entités astrales négatives de pénétrer à travers ces parties déchirées et d'influencer davantage les

pensées négatives sur Terre d'où les troubles et les conflits qui se produisent dans notre monde aujourd'hui.[5]

En considérant ce qui se passe dans notre monde, au moment où ces lignes sont écrites (2023), il semble évident que l'on peut faire un parallèle avec ce qui se passait dans ces années-là. Les tensions internationales et les rumeurs d'une troisième guerre mondiale sont toujours d'actualité, ainsi que celles d'un éventuel conflit nucléaire. C'est cette situation explosive et potentiellement destructrice qui aurait causé la formation et la venue aux alentours de notre planète, dans les années 1950-1960, du groupe de protection spécial nommé par Wilbert Smith *La force de police cosmique,* dont la présence avait pour but d'empêcher le pire en intervenant à l'intérieur des paramètres permis de certaines lois galactiques mises en place par des conseils hiérarchiques de regroupements de planètes habitées par des civilisations évoluées ayant des capacités technologiques leur permettant de voyager dans l'espace. Une de ces lois est justement que des civilisations évoluées technologiquement ne peuvent intervenir directement ni interférer dans les affaires de civilisations moins évoluées. Il parait évident que cette loi a été violée à de nombreuses reprises sur notre planète lorsque l'on étudie en profondeur l'histoire de notre civilisation dans le contexte d'une présence extraterrestre quasi continue. Vis-à-vis de ces lois cosmiques, les entités qui les violent seraient donc vues comme des criminels et normalement les criminels se maintiennent aux abords des lois (les zones grises) pour agir sans se faire prendre. Or, il appert que la zone grise des lois non interventionnistes se situe au niveau de l'influence. À ce propos, Smith explique également :

Si la force de police cosmique peut nous protéger d'influences négatives extérieures indésirables, elle ne peut nous protéger des conséquences des émanations négatives provenant directement de notre planète. Ceci serait contraire à loi universelle du karma. Seulement *nous* pouvons réparer les dommages que nous avons nous-mêmes créés. Ceci, ont dit nos amis de l'espace, nous pouvons le faire par des prières sincères pour la cessation des explosions nucléaires et des pensées positives visualisant la fermeture des brèches de notre atmosphère protectrice et sa contrepartie métaphysique. Une telle émanation spirituelle provenant de la Terre prendrait la forme d'une lumière irradiant vers l'extérieur dans toutes les directions. Les frères de l'espace disent qu'avec notre désir exprimé de la sorte, ils peuvent réparer les parties déchirées de notre atmosphère et ainsi bloquer toute nouvelle entrée de forces négatives. Ils nous demandent de jouer notre rôle rapidement dans cet effort commun pour nous sauver ainsi que cette planète de la destruction totale qui se produira sinon. Le temps presse et nous devons agir *maintenant*.[6]

C'est en raison de cette situation d'urgence que plusieurs espèces bienveillantes intégrées au sein de la force de police cosmique se sont amassées autour de notre planète, créant les vagues d'observations d'ovnis des années 1950 et 1960. Différents types d'entités aux agendas multiples ont été vus à cette époque. En premier lieu, il y a eu la vague des années 1940, où des entités négatives probablement attirées par les deux guerres mondiales successives. (Le flux intense et incessant des pensées négatives engendrées par la peur, la souffrance et la mort de millions de personnes a certainement contribué à attirer quelques groupes d'entités négatives se nourrissant de telles énergies. En considérant cette première vague, on peut supposer la possibilité que l'Allemagne nazie d'Hitler ait été fortement influencée et aidée par des forces extraterrestres négatives, mais en raison de la fin de la Seconde Guerre mondiale, et de l'Opération *Paperclip,* ces forces négatives se sont retrouvées du côté américain et en Union soviétique contribuant à davantage de tension et à un potentiel de destruction encore plus grand en raison de l'intégration des armes nucléaires dans l'arsenal militaire de ces nouvelles superpuissances.

Si nous considérons la possibilité que l'espèce humaine soit continuellement surveillée par des espèces extraterrestres, et ce, depuis le début de son existence sur cette planète, on peut supposer que cette surveillance est accrue lors de certains moments cruciaux de son évolution spirituelle et/ou technologique ou lorsqu'elle risque, par son insouciance, de causer des torts importants, comme c'était le cas dans les années 1960. Il semble qu'en termes d'évolution technologique, notre civilisation en est rendue à la possibilité du voyage interplanétaire, et ce, depuis au moins le début des années 1960, en dépit de tout ce qu'on nous dit officiellement à ce propos. C'est d'ailleurs cette situation qui a, entre autres choses, causé l'intérêt pour notre planète d'autres espèces extraterrestres présentes dans le voisinage. On peut se demander en voyant l'état planétaire actuel : allons-nous prochainement être témoins d'importantes manifestations ufologiques comme ce fut le cas dans les années 1940, 1950 et 1960 ?

Si, dans les années 1960, notre civilisation a franchi le Rubicon technologique, attirant vers nous de nombreuses espèces curieuses d'en savoir davantage sur cette civilisation émergente qui pourrait rejoindre bientôt les rangs de la hiérarchie cosmique, il semble que les événements des dernières décennies ont contribué à accélérer l'évolution spirituelle de notre civilisation. À un point tel que nous pourrions bientôt vivre dans une toute autre réalité existentielle, une réalité engendrée par la conscience collective des peuples unis de la Terre où nous aurions réglé tous les problèmes que nous avons créés et où régneraient la paix, l'amour fraternel, l'abondance et l'harmonie pour toutes les formes de vie de cette planète. Toutefois, cette nouvelle étape de notre évolution spirituelle est vue d'un mauvais œil par certaines entités parasites qui sont responsables et profitent de l'asservissement de notre civilisation en la maintenant dans un état constant de peur et de division grâce à des conflits incessants fomentés par certains dirigeants mondiaux eux-mêmes influencés et manipulés par ces entités négatives. Ces conflits incessants sont créés et maintenus simplement pour éviter l'éveil de notre civilisation, car au moment où une civilisation prend conscience de son potentiel créateur, celle-ci peut créer le monde qu'elle désire en s'affranchissant de toutes les limites qui lui sont imposées par un système artificiellement créé par des entités négatives ne cherchant qu'à assouvir des désirs de bas niveau. Mais avant d'en arriver là, il faut que notre civilisation prenne conscience de son potentiel créateur et de la possibilité qu'elle a de créer le monde qu'elle désire, simplement en orientant ses pensées dans la direction où elle veut aller. Mais avant toute chose, il est important de prendre conscience des pièges multiples qui sont dissimulés un peu partout sous forme de distractions et de divertissements dont le but ultime est que l'ensemble de notre société soit maintenue prisonnière d'un système (une matrice) qui ne profite qu'à une poignée d'individus eux-mêmes influencés par des entités de l'ombre. À titre comparatif, il est vrai qu'en ce moment ainsi qu'à l'époque du projet *Magnet,* tous les moyens possibles sont et étaient employés pour influencer et manipuler les masses vers de sombres desseins, qui semblent provoquer la chute de l'espèce humaine vers un scénario apocalyptique où le mal et le mensonge règnent en maître au détriment du bien et de la vérité. La bonne nouvelle dans toute cette histoire est qu'il semble bien que toutes les actions mises en place par les forces de l'ombre aient pour conséquence d'éveiller encore plus la population sur les réelles motivations des dirigeants mondiaux et leur désir de contrôle global. Un de mes bons amis m'avait dit ces sages paroles lors d'une discussion à ce propos : « le mal se détruit toujours de lui-même» et après des années de recherche et de réflexion, je ne peux que lui donner raison…

Les conclusions personnelles de Wilbert Smith

À partir des informations qu'il avait amassées tout au long de ses années de recherche du phénomène ovni, Wilbert Smith arriva à la conclusion que :

> Nous pouvons résumer la totalité du sujet des soucoupes volantes comme suit : nous sommes arrivés à un moment dans notre développement où nous devons faire un choix ultime entre le bien et le mal. Les personnes provenant d'ailleurs sont très concernées par le choix que nous prendrons, en partie parce que cela aura des répercussions sur eux et, en partie, parce que nous sommes leurs frères, ils sont vraiment concernés par notre bien-être. Il y a une loi cosmique contre l'interférence dans les affaires des autres, ils n'ont donc pas le droit de nous aider directement même s'ils pouvaient facilement le faire. Nous devons choisir par nous-mêmes. Les tendances actuelles indiquent qu'une série d'événements est sur le point de se produire, laquelle pourrait nécessiter l'aide de ces personnes et elles se tiennent prêtes à nous donner cette aide. En fait, elles nous ont déjà beaucoup aidés, à l'intérieur des limites qui n'interfèrent pas avec notre liberté de choix. En temps voulu, quand certains événements se seront produits, et que nous aurons pris la direction faisant en sorte que nous

pouvons accepter ces personnes d'ailleurs, ils nous rencontreront librement en terrain neutre sur les bases de confiance et de compréhension mutuelle, et nous serons capables d'apprendre d'eux pour initier l'âge d'or que tout le monde désire du plus profond de son cœur.[7]

La philosophie des extraterrestres bienveillants

Dans les nombreuses histoires de contacts extraterrestres qui nous proviennent des années 1950 et 1960, la constante est que ces êtres semblaient pacifiques et qu'une des raisons de leur présence était en premier lieu de guider notre civilisation vers une façon de vivre plus pacifique et harmonieuse afin que, comme eux, nous puissions faire partie et interagir au sein de la grande communauté de planètes unies de notre galaxie. Comme la meilleure façon d'enseigner est en montrant l'exemple, certaines espèces pacifiques sont venues nous visiter afin de partager leur façon de vivre et de prospérer, et également afin de nous ouvrir à de nouvelles possibilités.

Certains représentants de cette communauté extraterrestre pacifique contactèrent en premier lieu les dirigeants de quelques pays de la Terre, mais comme ces derniers ne semblaient pas intéressés aux messages de paix qui leur étaient transmis, les représentants extraterrestres commencèrent à contacter directement des personnes parmi la population, ce qui donna lieu au phénomène des *contactés*. Smith disait à ce propos :

> Le fait est que certaines personnes du gouvernement ont été confrontées directement à la réalité du peuple de l'espace et quand ils ont réalisé qu'il n'y avait rien qu'ils pouvaient y faire, ils ont rapidement fermé les yeux et souhaité que toute l'affaire disparaisse![8]

Le phénomène des contactés s'intensifia dans les années 1960 et Smith s'y intéressa grandement. Il développa une méthodologie adaptée à ce nouvel aspect de sa recherche du phénomène afin de déterminer la validité et la crédibilité des messages obtenus de cette source d'information inusitée. Avec le temps, il avait obtenu suffisamment d'informations issues de contacts extraterrestres pour être en mesure de partager la façon de vivre et l'idéologie des extraterrestres bienveillants qui avaient établi ces contacts. Étant donné que Smith trouvait important que cette information soit partagée, il a écrit des articles à ce propos, dont voici un extrait traduit :

> Possiblement un des aspects les plus intéressants de l'étude des soucoupes volantes, au-delà de la réalisation qu'elles sont réelles et extraterrestres, c'est leur philosophie. Quelle sorte de créatures les pilotent et les construisent? À quoi ressemblent-elles ? Comment pensent-elles? Est-ce que leurs idées et idéaux sont semblables aux nôtres? Pouvons-nous les comprendre? Toutes ces questions et plusieurs autres hantent les enquêteurs cherchant sérieusement à en savoir davantage sur le sujet.

> Si nous nous fions aux seules données provenant des rapports d'observation, nous nous limitons à n'obtenir qu'un seul des aspects qui concernent ce phénomène. Par exemple, nous voyons ces soucoupes se déplaçant à des vitesses formidables pour ensuite s'arrêter soudainement ou changer de direction. Selon nos connaissances actuelles en physique, il n'existe aucune créature constituée de chair et de sang qui serait capable de résister aux terribles forces qui seraient associées à de telles actions. Par cette observation basée seulement sur notre connaissance scientifique actuelle, nous serions tentés d'assumer que les entités qui pilotent ces vaisseaux devraient être soit des robots inorganiques ou des types de créatures inconnues que nous n'avons jamais rencontrées.

> Également, il est difficile de comprendre pourquoi une espèce ayant un tel pouvoir à sa disposition, lequel a été démontré grâce aux multiples observations de soucoupes volantes, ne se

contente que de voler sans but au-dessus du globe, sans faire rien de plus définitif. Si les rôles étaient inversés, nous aurions, après une très brève reconnaissance, atterri et annoncé à la population native que nous prenions le contrôle. Le fait que ceux qui pilotent ces soucoupes n'ont pas posé un tel geste nous indique qu'ils doivent nous voir dans la même catégorie que la flore et la faune locale de cette planète, et pour eux notre civilisation est tellement primitive qu'on ne peut la différencier des espèces animales inférieures et des insectes.

Nous pouvons continuer à discuter et spéculer de cette façon pendant longtemps sans jamais nous approcher de la vérité. Heureusement, les personnes d'ailleurs qui viennent à nous en soucoupe volante ont jugé bon d'établir des contacts avec des individus de notre planète et de leur partager autant d'information et de compréhension que ces individus étaient capables d'assimiler ou de partager aux autres. Il y a eu plusieurs publications relativement aux contacts entre ces personnes de l'extérieur et des terriens, et il y en a encore beaucoup plus n'ayant pas encore été publiées.

Comme c'est toujours le cas dans un nouveau domaine tel que celui-ci, il y en a qui exagèrent, mais ça n'est pas trop difficile d'établir que la vaste majorité est honnête et authentique. Par exemple, quand près d'une douzaine de contactés n'ayant aucun contact entre eux croit qu'il ou elle a été choisi au lieu des autres pour recevoir un message particulier, et qu'ils racontent tous le même message, que les noms et descriptions correspondent parfaitement, nous n'avons pas d'autres choix, que de croire qu'ils disent la vérité.

De plus, lorsque du matériel provenant de plusieurs sources nous est donné et que celui-ci est assemblé et analysé, celui-ci s'intègre en une philosophie complète et sophistiquée faisant en sorte que nos efforts en ce sens ne ressemblent qu'à des bruits de tambours primitifs dans la jungle. Ces personnes nous parlent d'un magnifique plan cosmique auquel nous faisons partie, qui transcende l'existence d'une seule personne, ou d'une civilisation, ou même d'une planète ou d'un système solaire. On nous a informés sur l'inexactitude de nos sciences et on nous a donné les bases d'une nouvelle science, qui est à la fois plus simple et plus uniforme que les monstruosités mathématiques que nous avons développées. On nous a parlé d'une façon de vivre utopique et au-delà du rêve, et des moyens pour y arriver. Cela est-il possible qu'une telle philosophie aussi magnifique et cohérente provienne de l'imagination de quelques imbéciles mal guidés? Je ne crois pas.

Si la seule preuve que nous avions était de nature philosophique, nous pourrions en douter, avec raison, mais lorsque l'information contenue dans ces messages est couplée avec la réalité des observations, des milliers, nous ne pouvons la rejeter si facilement. Ceci est particulièrement vrai lorsque nous considérons que la science qui nous a été transmise par ces personnes venues d'ailleurs explique la façon dont se déplacent les soucoupes, chose que nous n'avons pas été capables de faire, car selon notre point de vue, cela était totalement impossible. La science et les performances s'accordent parfaitement !

Encore, on nous a indiqué où nos idées scientifiques étaient mauvaises ou inadéquates, et des expériences ont été suggérées et menées à bien, et toutes les fois, la science extraterrestre était juste. Nous devons nous demander : si tout ceci est connu, pourquoi n'en avons-nous pas encore entendu parler ? Pourquoi toutes ces choses ne sont-elles pas étudiées au lieu des bombes atomiques ? La réponse : ''Ça a été rendu public''. Des livres ont été écrits et des centaines des milliers d'exemplaires ont été vendus. Des rapports ont été préparés par des enquêteurs sérieux et présentés via les canaux appropriés. Mais comme on dit : ''On peut amener un cheval à la rivière, mais on ne peut le forcer à boire.''

Ceux qui contrôlent notre société sont satisfaits du système actuel et ils vont résister à toute tentative de changement qui pourrait perturber leur tranquillité d'esprit. Cependant, il est encourageant de voir que les jeunes de la prochaine génération sont conditionnés à accepter la réalité des peuples d'ailleurs, et que, quand l'opportunité leur est donnée, ils assimilent tout ce qu'ils peuvent obtenir à propos des soucoupes volantes et des personnes qui les pilotent.[9]

…il y a plusieurs groupes (extraterrestres) qui sont intéressés à voir ce qui va advenir de nous. La plupart d'entre eux sont amicaux, mais il y a au moins un groupe qui a un penchant pour l'exploitation. Ces derniers ont une base près de North Bay.[10]

…On m'a informé que notre civilisation n'est en aucune façon la première à avoir existé sur cette planète. Il y en a eu plusieurs autres, et il y a même quelques âmes incarnées ici en ce moment qui ont participé à ces expériences passées. Il y a, dans des lieux cachés de plusieurs musées, des artéfacts qui appartiennent à une culture aussi évoluée que la nôtre, laquelle aurait existé durant le carbonifère!*[11]

Ces deux derniers extraits qui sont tirés de la correspondance de Smith, et qui datent respectivement de 1955 et 1957, nous indiquent entre autres choses que les extraterrestres bienveillants semblaient détenir des connaissances très étendues sur l'histoire de notre civilisation.

*Le carbonifère est une période géologique datant de 300 à 360 millions d'années.

CHAPITRE VII
L'ENQUÊTE CONTINUE

La vague d'observations d'ovnis des années 1960

Au cours des années 1960, le nombre d'observations d'ovnis était tellement élevé et le nombre de rapports d'observation reçus par les différentes instances concernées du gouvernement canadien était tel qu'il devenait difficile pour les autorités de continuer à cacher la vérité au public sans que cela soit perçu comme des actes délibérés de camouflage et de dissimulation d'information de la part du gouvernement et des militaires. C'est pour cette raison qu'aux États-Unis la CIA, alors mandatée par le comité MJ-12 pour garder le secret sur les ovnis et la présence extraterrestre, a proposé la mise sur pied d'un projet de recherche scientifique « indépendant » en dehors de l'appareil militaire afin de détourner l'attention du public vers une autorité scientifique non gouvernementale. Écoutant les directives des Américains en matière d'ovnis, le ministère de la Défense nationale proposa au Conseil national de recherches du Canada de prendre la relève en ce qui concernait l'enquête sur les ovnis (figure 37). Ce stratagème a été mis en place, car la population de l'époque avait totalement perdu confiance au gouvernement et aux différentes instances militaires concernées, dont l'armée de l'air, alors mandatée pour faire la lumière sur le phénomène ovni et pour répondre aux questions de la population à ce propos. L'idée derrière cette façon de faire était de dire à la population : « Vous voyez, même des organismes indépendants de l'armée de l'air disent que les ovnis ne sont rien d'autre que des méprises! Vous pouvez donc cesser de nous embêter avec ça! »

C'est à partir d'une proposition similaire de la CIA via le Comité Robertson, qu'aux États-Unis on avait mandaté le docteur Edward Condon de l'Université du Colorado de mener une telle étude scientifique du phénomène, dont les conclusions négatives, mais «indépendantes », allaient servir à détourner définitivement l'attention du public du phénomène, et de cesser de harceler le gouvernement et les différentes instances concernées à ce propos. Étant donné que cette façon de faire semblait prometteuse, les militaires canadiens se sont dit que ça pourrait également fonctionner au Canada. Voici un extrait traduit de la page 2 d'une lettre de proposition envoyée par le ministère de la Défense nationale (MDN) au Conseil national de recherches (NRC) afin de leur transférer la tâche de s'occuper des rapports d'observation d'ovnis (figure 37) :

> Il peut être intéressant de noter qu'au début des années 1950, des comités scientifiques ont été formés autant au Canada qu'aux États-Unis, sous la gouverne du ministère de la Défense pour enquêter sur les rapports d'observation d'ovnis. Après plusieurs années d'étude, ces deux comités ont été en mesure de les expliquer tous, sauf un très faible pourcentage des milliers de rapports d'observation qui ont été soumis. Le comité américain a conclu son enquête en déclarant que ''les évidences présentées sur les ovnis ne démontrent aucune indication que ce phénomène constitue une menace directe à la sécurité nationale''. Quoique cela n'ait pas été mentionné formellement, le comité canadien est arrivé aux mêmes conclusions.

> Le nombre croissant de rapports d'observation d'ovnis étant transmis aux agences officielles est une indication claire que le grand public devient plus intéressé aux objets volants insolites qui ne peuvent être identifiés ou expliqués, et se tourne du côté des agences gouvernementales pour obtenir des informations. Récemment, probablement dû à la préoccupation croissante du grand public, l'armée de l'air des États-Unis a sélectionné l'Université du Colorado, sous la direction du Dr. E.O. Condon, professeur de physique, pour conduire une enquête indépendante sur les ovnis. Plusieurs citoyens, dont la plupart

sont exceptionnellement bien qualifiés, conduisent eux-mêmes des études personnelles et indépendantes ou ont rejoint des organismes créés dans ce but. Il semblerait donc judicieux qu'une agence scientifique gouvernementale en dehors du ministère de la Défense soit mandatée pour s'occuper de l'enquête sur les ovnis.

Dans l'éventualité où le Conseil national de recherches soit prêt à accepter la responsabilité de l'enquête sur les ovnis, ce quartier général fournirait toute l'aide pouvant être acceptée sur des ententes mutuelles avec la compréhension que le MDN sera maintenu informé de sujets d'importance significative pouvant suggérer une menace pour la sécurité nationale. [1]

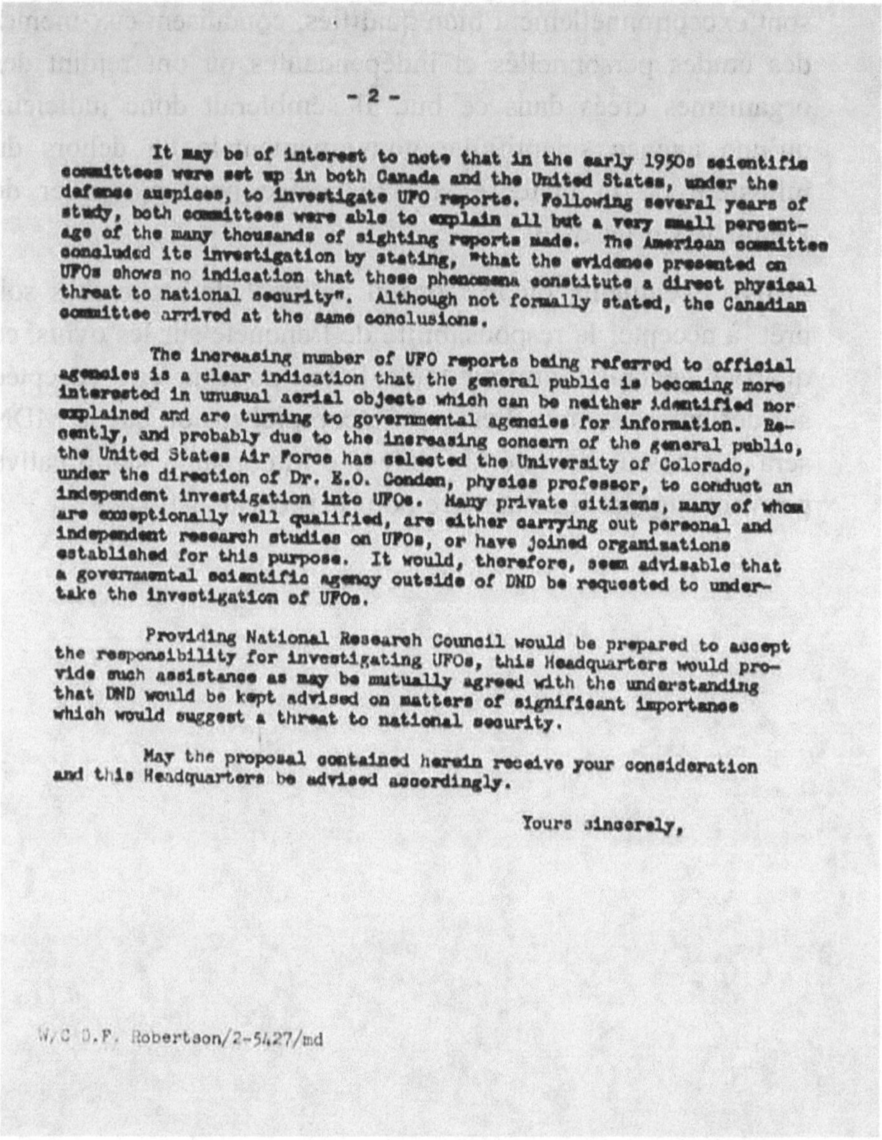

- 2 -

It may be of interest to note that in the early 1950s scientific committees were set up in both Canada and the United States, under the defense auspices, to investigate UFO reports. Following several years of study, both committees were able to explain all but a very small percentage of the many thousands of sighting reports made. The American committee concluded its investigation by stating, "that the evidence presented on UFOs shows no indication that these phenomena constitute a direct physical threat to national security". Although not formally stated, the Canadian committee arrived at the same conclusions.

The increasing number of UFO reports being referred to official agencies is a clear indication that the general public is becoming more interested in unusual aerial objects which can be neither identified nor explained and are turning to governmental agencies for information. Recently, and probably due to the increasing concern of the general public, the United States Air Force has selected the University of Colorado, under the direction of Dr. E.O. Condon, physics professor, to conduct an independent investigation into UFOs. Many private citizens, many of whom are exceptionally well qualified, are either carrying out personal and independent research studies on UFOs, or have joined organisations established for this purpose. It would, therefore, seem advisable that a governmental scientific agency outside of DND be requested to undertake the investigation of UFOs.

Providing National Research Council would be prepared to accept the responsibility for investigating UFOs, this Headquarters would provide such assistance as may be mutually agreed with the understanding that DND would be kept advised on matters of significant importance which would suggest a threat to national security.

May the proposal contained herein receive your consideration and this Headquarters be advised accordingly.

Yours sincerely,

W/C D.F. Robertson/2-5427/md

Figure 37. Mémo du MDN au NRC, p.2.

En dépit de tous les efforts faits par le gouvernement canadien pour annoncer à la population qu'il n'y avait plus d'enquête officielle sur les ovnis, il semble que ceci n'a pas empêché les observations de se produire, ni aux rapports d'observation d'affluer aux divers organismes gouvernementaux canadiens reconnus pour amasser ces rapports. Tout comme dans les années 1940 et 1950, les années 1960 sont reconnues pour avoir eu elles aussi leur lot d'observations d'ovnis. On peut voir un bref aperçu de cette situation dans un article paru en 1975 dans le volume 3 du *Canadian UFO report,* écrit par le chercheur Gregory M. Kannon, lequel avait brossé un tableau intéressant des observations d'ovnis s'étant produites au Canada au cours des décennies précédentes. Dans son article dont le titre était : *Les ovnis et le gouvernement canadien,* Kannon fait une rétrospective détaillée de divers incidents ufologiques ayant eu lieu vers la fin des années 1950 et durant les années 1960 tout en prenant grand soin de mentionner la façon dont les autorités canadiennes avaient traité la situation. Voici donc un extrait traduit de cet article qui raconte la situation ufologique des années 1960 :

Alors que quelques excellents cas d'ovnis des années 1950, tels que ceux mentionnés plus haut, ont été enregistrés comme il se devait et rendus publics, la plupart de ces cas ont, sans aucun doute, été victimes de l'inaction du gouvernement. La presse canadienne a aggravé la situation en omettant de poser des questions embarrassantes au gouvernement. Grâce à cela, Ottawa a été en mesure de créer l'illusion qu'il faisait un bon travail d'enquête sur les ovnis, mais qu'il ne se passait pas grand-chose de ce côté-là. Malheureusement, parmi les nombreux rapports oubliés au sein des dédales gouvernementaux, il y avait ceux qui avaient été faits par des pilotes militaires et commerciaux canadiens. En dépit de leur évidente valeur scientifique, Ottawa a totalement ignoré ces cas. L'indifférence du gouvernement envers les ovnis a continué jusqu'aux années 1960. Même la grande accumulation d'observations de 1965 et 1966 n'avait suscité aucune attention. Le résultat fut qu'Ottawa n'a pas vu venir la tempête. En 1967, la situation en lien avec les ovnis s'est déchaînée. Les observations rapportées par des centaines de Canadiens d'est en ouest auront servi à confirmer le fait que les cieux étaient remplis d'objets étranges. Ottawa a trouvé qu'il était politiquement opportun d'enquêter adéquatement sur au moins quelques-uns des cas rapportés. Un de ces cas, qui fut enquêté par pas moins de six organismes ministériels du gouvernement canadien, s'est produit le 20 mai, près de Falcon Lake au Manitoba.[2]

Au cours des années 1960, sur les centaines de rapports d'observation soumis au gouvernement canadien, seulement deux cas ont suscité suffisamment d'intérêt de la part des autorités canadiennes, pour que des enquêtes dignes de ce nom soient menées et pour tenter de découvrir ce qui s'était produit. Il est vrai qu'à ce moment-là, le gouvernement canadien venait à peine de se dépêtrer du bourbier médiatique engendré par deux précédents projets d'étude officiels (*Magnet* et *Second story*). Depuis 1954, le mot d'ordre était qu'officiellement, certains organismes désignés du gouvernement canadien pouvaient collecter et entreposer les rapports d'observation qui leur parviendraient, mais il n'y aurait aucun effort de ces organismes pour cataloguer, classer ou enquêter sur ces rapports. En analysant le contenu de certains de ces rapports d'observation, il parait évident qu'aucun de ces rapports n'a reçu d'attention particulière de la part des organismes qui les ont reçus. Toutefois, en 1967, deux incidents de nature ufologique s'étant produits au Canada ont eu droit à une telle attention médiatique, que les autorités canadiennes n'ont pas eu d'autre choix que les étudier. Le premier de ces deux cas s'est produit le 20 mai 1967 à Falcon Lake au Manitoba.

Le cas de Falcon Lake, Manitoba

Le cas de Falcon Lake est issu du témoignage d'un prospecteur du nom de Steven Michalak, ayant subi des problèmes de santé après s'être approché suffisamment près d'une soucoupe volante pour être en mesure de la toucher. On retrouve le témoignage de Michalak, dans un rapport (très sommaire) du Conseil de recherches de la Défense (figure 38). Voici la traduction de ce rapport détenu dans les dossiers d'archives du Conseil de recherches de la Défense(DRB) :

M. Steven Michalak de Winnipeg, Manitoba, a rapporté avoir eu un contact physique avec un ovni durant un voyage, de prospection dans la région de Falcon Lake, quelques 90 milles à l'est de Winnipeg, le 20 mai 1967. M. Michalak a déclaré qu'il examinait une formation rocheuse lorsque deux ovnis sont apparus devant lui. Un des ovnis est resté stationnaire dans les airs pendant un moment, pour ensuite s'éloigner à grande vitesse. Le deuxième ovni a atterri à quelques centaines de pieds plus loin de sa position. Au moment où il s'approcha de l'ovni, une porte latérale s'est ouverte et il a entendu des voix provenant de l'ouverture. M. Michalak a déclaré s'être approché de l'objet, mais il n'était pas en mesure de voir à l'intérieur parce qu'une forte lumière jaune bleutée bloquait sa vision. Il s'est aventuré pour communiquer avec le personnel présent à l'intérieur de l'objet, mais sans résultat. En s'approchant jusqu'à quelques pieds de l'objet, la porte s'est refermée. Il a entendu un bruit et l'objet a commencé à tourner en sens antihoraire pour finalement s'élever au-dessus du sol. Il a levé son bras gauche (qui était muni d'un gant) et a touché l'objet avant qu'il ne s'élève du sol ; le gant a brulé immédiatement en touchant l'objet. À mesure que l'objet quittait le sol, les gaz d'échappement ont brulé son chapeau, ainsi que ses vêtements, il a également subi de sévères brulures à l'estomac et à la poitrine. Ceci a fait en sorte qu'il a été hospitalisé durant quelques jours. Les médecins présents qui ont *interviewé* M. Michalak n'ont pas été en mesure de fournir des informations qui auraient pu contribuer à déterminer la cause des brûlures sur son corps. Les habits personnels, qui auraient supposément été brûlés par l'ovni, ont été sujets à une analyse poussée de la part du laboratoire criminel de la Gendarmerie royale du Canada. Les analyses n'ont pas permis de tirer de conclusion quant à ce qui aurait pu causer les brûlures. Des échantillons de sol prélevés par M. Michalak près de la zone où l'ovni était posé ont été analysés et il a été découvert que ceux-ci étaient suffisamment radioactifs pour qu'on en ait disposé sécuritairement. Une analyse de la zone du supposé atterrissage de l'ovni a été tentée par un radiologiste du Département de la santé et il a été découvert qu'une petite zone était radioactive. Le radiologiste n'était pas en mesure d'expliquer ce qui aurait contribué à contaminer cette zone.

Les équipes d'investigation du ministère de la Défense nationale et de la Gendarmerie royale du Canada n'ont pas été en mesure de produire des évidences qui viendraient remettre en question l'histoire de M. Michalak. [3]

UFO REPORT
FALCON LAKE, MAN.

A Mr. Steven Michalak of Winnipeg, Manitoba reported that he had come into physical contact with a UFO during a prospecting trip in the Falcon Lake area, some 90 miles east of Winnipeg on the 20 May 67. Mr. Michalak stated that he was examining a rock formation when two UFOs appeared before him. One of the UFOs remained airborne in the immediate area for a few moments, then flew off at great speed. The second UFO landed a few hundred feet away from his position. As he approached the UFO, a side door opened and voices were heard coming from within. Mr. Michalak states he approached the object but was unable to see inside due to a bright yellow bluish light which blocked his vision. He endeavoured to communicate with the personnel inside the object but without result. As he approached within a few feet of the object, the door closed, he heard a whining noise and the object commenced to rotate anti-clockwise and finally raised off the ground. He reached out with his left gloved hand and touched the object prior to its lifting off the ground; the glove burned immediately as he touched the object. As the object left the ground the exhaust gases burned his cap, outer and inner garments and he sustained rather severe stomach and chest burns. As a result of these he was hospitalized for a number of days. The doctors who attended and interviewed Mr. Michalak were unable to obtain any information which could account for the burns to his body. The personal items of clothing which were alleged to have been burnt by the UFO were subjected to an extensive analysis at the RCMP Crime laboratory. The analysis was unable to reach any conclusion as to what may have caused the burn damage. Soil samples taken from the immediate area occupied by the UFO by Mr. Michalak were analysed and found to be radioactive to a degree that the samples had to be safely disposed of. An examination of the alleged UFO landing area was tested by a radiologist from the Department of Health and Welfare and a small area was found to be radioactive. The Radiologist was unable to provide an explanation as to what caused this area to become contaminated.

Both DND and RCMP investigation teams were unable to provide evidence which would dispute Mr. Michalak's story.

Figure 38. Rapport du DRB sur le cas de Falcon Lake.

Le cas de Shag Harbour, Nouvelle-Écosse

Le second cas à avoir donné du fil à retordre aux autorités canadiennes voulant garder un profil bas quant à la situation sur les ovnis s'est produit aussi en 1967, mais cette fois dans une des provinces maritimes, en Nouvelle-Écosse, pour être plus précis. Cet autre cas bien connu de l'ufologie canadienne s'est produit le 4 octobre 1967, près des côtes de la Nouvelle-Écosse. Encore une fois, comme dans le cas précédent, la Gendarmerie royale du Canada et le ministère de la Défense nationale ont été impliqués dans l'investigation qui s'est terminée sans qu'aucun des deux organismes gouvernementaux n'ait pu expliquer ce qui s'était réellement produit cette journée-là. Voici donc la traduction d'un court rapport détenu dans les archives du DRB (figure 39) se rapportant à cette histoire incroyable :

> Le 4 octobre 1967, un caporal de la GRC et six autres témoins ont observé ce qu'ils croient être un objet volant non identifié près de la côte sud-ouest de la Nouvelle-Écosse, au Canada. L'objet décrit faisait environ 60 pieds de long et se déplaçait vers l'est lorsqu'il a été vu en premier. Durant l'observation, l'ovni est descendu rapidement à la surface et a fait un *splash* éclatant en touchant l'eau. Pendant un moment après l'impact, une seule lumière blanche est restée à la surface. Le caporal de la GRC a tenté d'approcher l'objet qui flottait, mais malheureusement, l'objet a coulé avant qu'il ne puisse l'atteindre. Une recherche dans le secteur n'a pas permis de découvrir la moindre évidence matérielle qui aurait pu aider à identifier l'objet. Une recherche sous-marine conduite par des plongeurs du ministère de la Défense nationale a également échoué à localiser une évidence tangible pouvant être utilisée pour arriver à une conclusion. [4]

```
                       UFO REPORT
                LOWER WOOD HARBOUR, N.S.


        An RCMP Corporal and six other witnesses observed what
they believed to be an unidentified flying object off the south-
west coast of Nova Scotia, Canada on the 4th October 1967.  The
object was described as approximately 60 feet in length and was
flying in an easterly direction when first sighted.  During their
observation, the UFO descended rapidly to the surface and made a
"bright splash" as it struck the water.  For some time after the
impact a single white light remained on the surface.  The RCMP
Corporal endeavoured to reach the floating white object, but
unfortunately, before he could reach the location the object sank.
A search of the area failed to produce any material evidence which
could assist in explaining or establishing the identity of the
object.  An underwater search conducted by divers from the Depart-
ment of National Defence also failed to locate any tangible evidence
which could be used to arrive at an explainable conclusion.
```

Figure 39. Rapport ovni du DRB sur l'incident de Shag Harbour.

Il semble que le ou les individus ayant eu la responsabilité de rédiger ce rapport ont omis de mentionner quelques petits détails se rapportant à cet incident, mais heureusement, l'intégralité des événements est consignée dans l'article *Les ovnis et le gouvernement canadien* du chercheur Gregory M. Kannon, lui-même originaire de la Nouvelle-Écosse. Parmi les détails omis dans le rapport du DRB, mais que l'on retrouve dans l'article de Kannon, figure en tête de liste la présence d'une flaque circulaire de mousse jaunâtre de 40 verges de diamètre qui flottait sur la surface de l'océan à l'endroit même où l'ovni avait pénétré dans l'eau (avait-on fait des tests chimiques pour déterminer de quoi était composée cette mousse ?) L'autre chose intéressante que l'on retrouve dans l'article de Kannon, était la déclaration subséquente du ministère de la Défense nationale relativement aux multiples observations d'ovnis dont les enquêtes faites par ce ministère n'avaient pas permis de tirer des conclusions satisfaisantes. Voici donc la traduction de cette déclaration officielle sur les ovnis du ministère de la Défense nationale prononcée à cette époque: « Certains rapports suggèrent qu'ils [les ovnis] sont le produit de recherches scientifiques ou d'avancements techniques uniques ».[5]

Étant donné qu'encore une fois, c'était le ministère de la Défense nationale qui avait hérité du mandat de s'occuper du problème des ovnis et que les hauts gradés qui avaient été présents au cours des vagues précédentes connaissaient déjà très bien la musique, leurs premiers réflexes étaient de trouver une façon de transférer cette responsabilité vers un autre organisme gouvernemental pour s'en débarrasser. La déclaration précédente ne visait donc qu'à mettre la table avant de faire une proposition en bonne et due forme à l'organisme gouvernemental susceptible de prendre le relais au niveau de la problématique ovni. On peut trouver des preuves écrites de cette situation dans un mémorandum préparé par le directeur des opérations ovnis et daté du 29 septembre 1967 (figure 40). Il est vrai que, pour ce qui est des deux cas précédents, en raison de l'époque à laquelle ils se sont produits, ils ne faisaient pas partie de l'enquête du projet *Magnet*. Toutefois, ces cas et les documents qui leur sont associés sont importants pour démontrer qu'il existait à l'époque une structure organisationnelle au sein du gouvernement canadien pour s'occuper de la problématique de la présence des ovnis, et ce, même si les officiels du gouvernement canadien ont toujours nié cette possibilité. Le document suivant démontre que non seulement le quartier général des Forces armées canadiennes avait un projet d'étude secret sur les ovnis, mais en plus, il y avait un directeur des opérations assigné spécifiquement à la question ovni. Ce document démontre également que le quartier général des Forces armées canadiennes voulait transférer la responsabilité de l'investigation sur les ovnis au Conseil national de recherches du Canada. Il semble bien que les parties concernées aient accepté cette proposition, du moins en partie, car :

[...] en février 1968, le Conseil national de recherches a accepté de devenir l'archive officielle du gouvernement canadien pour tous les rapports d'ovnis existants et à venir. C'est à l'intérieur de la Section de la haute atmosphère de la branche astrophysique à Ottawa que le Conseil entreposera ces documents. Officiellement, le Conseil n'assumait qu'un rôle de gardien de documents, mais ne sera impliqué dans aucune enquête sur les ovnis.[6]

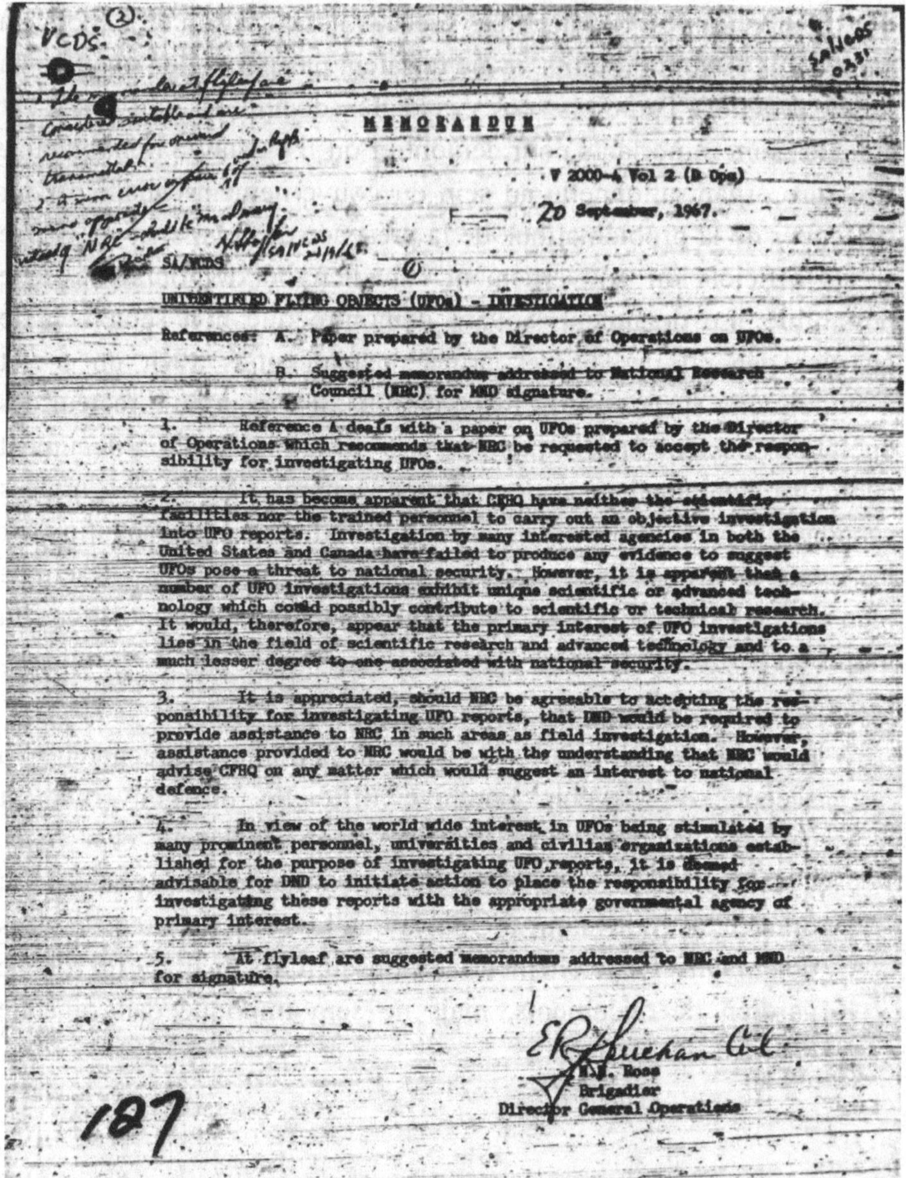

Figure 40. Mémorandum du directeur des opérations ovnis.

Retranscription et traduction du mémorandum du directeur des opérations ovnis.

<u>Mémorandum</u>

20 septembre 1967

OBJETS VOLANTS NON IDENTIFIÉS (ovnis) – INVESTIGATION

Références : A. une lettre préparée par le directeur des opérations sur les ovnis.

B. suggestion de mémorandum adressé au Conseil national de recherches (CNR) pour signature du ministère de la Défense nationale (MDN).

1. La référence A se rapporte à une lettre sur les ovnis préparée par le directeur des opérations, qui recommande que le Conseil national de recherches accepte la responsabilité d'enquêter sur les ovnis.

2. Il est devenu apparent que le quartier général des Forces armées canadiennes n'a ni les installations scientifiques ni le personnel formé pour accomplir une investigation objective des rapports d'ovnis. L'investigation menée par plusieurs agences intéressées autant aux États-Unis qu'au Canada a échoué à produire des évidences pouvant suggérer que les ovnis constituaient une menace à la sécurité nationale. Cependant, il est apparent qu'un nombre d'investigations d'ovnis démontre une science et une technologie avancée, laquelle pourrait possiblement contribuer à la recherche scientifique ou technique. Il semble donc apparent que l'intérêt premier des investigations d'ovnis repose sur le domaine de la recherche scientifique et des technologies avancées et à un niveau de moindre importance associé avec la sécurité nationale.

3. Dans l'éventualité où le CNR acceptait la responsabilité d'enquêter sur les rapports d'ovnis, le ministère de la Défense nationale fournirait de l'aide au CNR en ce qui concerne les enquêtes de terrain. Cependant, l'aide apportée au CNR sera fait avec la compréhension que le CNR aviserait le quartier général des Forces armées canadiennes (CFHQ) sur toute question pouvant suggérer un intérêt pour la Défense nationale.

4. Dans l'optique de l'intérêt mondial pour les ovnis présentement stimulé par plusieurs personnes connues, des universités et des organisations civiles établies dans le but d'enquêter sur les rapports d'ovnis, il serait judicieux pour le ministère de la Défense nationale de prendre action afin de placer la responsabilité d'enquêter sur ces rapports entre les mains de l'agence gouvernementale appropriée.

5. Sur la page de garde figurent les mémorandums suggérés adressés au CNR et au MDN.

À la lecture de ce mémorandum, on comprend facilement que les officiers supérieurs de l'armée canadienne chargés de l'enquête sur les ovnis semblaient n'avoir aucun plaisir à enquêter sur ce sujet et qu'ils cherchaient désespérément à transférer cette responsabilité vers un autre organisme gouvernemental, le Conseil national de recherches. Ce mémorandum démontre également qu'en dépit du fait que les officiels du gouvernement canadien ont toujours nié qu'il n'y avait aucun organisme gouvernemental canadien qui enquêtait sur les ovnis, ça a toujours été le ministère de la Défense nationale qui héritait de la responsabilité d'analyser les données collectées se rapportant aux observations d'ovnis. Si le document précédent a servi à démontrer que le ministère de la Défense nationale avait un projet d'étude sur les ovnis en 1967, le document suivant quant à lui, viendra démontrer qu'en 1959 (figure 41), soit cinq ans après l'annonce officielle de la fermeture du projet *Magnet*, l'armée de l'air du canada s'occupait toujours des rapports d'ovnis et qu'il arrivait : « qu'elle en reçoive de temps en temps. »

Étant donné que Wilbert Smith était encore vivant en 1959 et qu'il était considéré comme une référence en matière d'ovni à l'époque, cette lettre écrite par un second lieutenant des services de renseignements de l'armée de l'air lui est adressée directement. Toutefois, il semble même que plusieurs années après la fermeture du projet *Magnet* et du décès de Wilbert Smith, ses déclarations se rapportant aux ovnis continuaient toujours à hanter les officiels du gouvernement canadien, au point où le 9 mai 1968, le docteur Peter Millman, alors responsable de la recherche stratosphérique au sein du Conseil national de recherches, et ancien directeur du comité *Second story,* a dû publier une lettre pour se dissocier de Wilbert Smith et de son projet *Magnet*. En voici un extrait :

Le ministère des Transports du Canada m'a avisé que, malgré l'autorisation officielle accordée par celui-ci au projet *Magnet*, les travaux dudit projet ont été exécutés presque entièrement par M. W.B. Smith et ont revêtu la forme d'une activité de loisir. Les conclusions auxquelles ils a abouti sont les siennes et n'expriment aucun point de vue officiel, ni celui du ministère des Transports ni celui du comité *Second story*.[7]

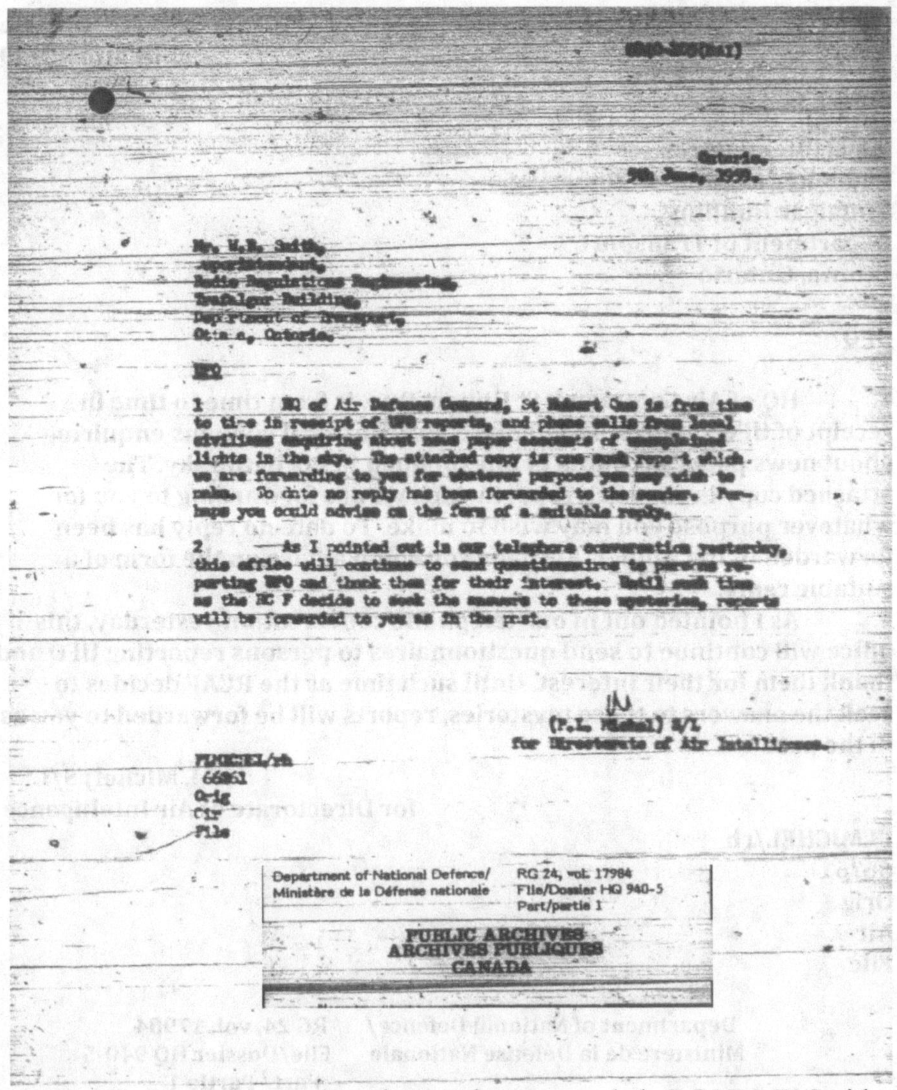

Figure 41. Lettre des services de renseignements de la RCAF à W.Smith.

L'enquête continue

Retranscription de la lettre des services de renseignements de la RCAF à
Wilbert Smith

Ontario,
5th June, 1959,

Mr. W.B. Smith,
Superintendant,
Radio Regulations Engineering,
Trafalgar Building,
Department of Transport,
Ottawa, Ontario

UFO

1.   HQ of Air Command, St Hubert Que. is from time to time in
receipt of UFO reports, and phone calls from local civilians enquiring
about news paper accounts of unexplained lights in the sky. The
attached copy is one such report which we are forwarding to you for
whatever purpose you may wish to make. To date no reply has been
forwarded to the sender. Perhaps you could advise on the form of a
suitable reply.
2.   As I pointed out in our telephone conversation yesterday, this
office will continue to send questionnaires to persons reporting UFO and
thank them for their interest. Until such time as the RCAF decides to
seek the answers to these mysteries, reports will be forwarded to you as
in the past.

(P.I. Michel) S/L
for Directorate of Air Intelligence

PLMICHEL/rh
66?61
Orig
Air
File

ÉPILOGUE

L'empire technologique
du complexe militaro-industriel

Si les Américains ont réussi à tirer leur épingle du jeu après la Seconde Guerre mondiale et à s'imposer comme nouvelle puissance mondiale, cela est dû en partie grâce à l'obtention et à l'étude de technologies extraterrestres ayant été récupérées par les militaires. Dans cette histoire inconnue de la population, plusieurs événements de nature ufologique ont amené certains hauts gradés militaires et riches industriels à développer une structure du secret touchant à tout ce qui se rapportait aux ovnis. La raison première était que des sommités du domaine militaro-scientifique voyaient dans ces vaisseaux extraterrestres une véritable mine d'informations technologiques. Le problème était que s'il était possible pour les Américains de récupérer certains de ces objets volants pour développer des armes sophistiquées, il était également possible pour d'autres nations ennemies de le faire. D'ailleurs, c'était justement en partie en raison de l'avance technologique des Allemands en matière de rétro-ingénierie que l'Angleterre avait déclaré la guerre à l'Allemagne en 1939. Les services de renseignements britanniques avaient réussi à entrevoir une partie de la machine de guerre nazie qui était en cours de production dans diverses installations secrètes; il fallait donc empêcher celle-ci de se mettre en marche sur le reste du monde…

D'un point de vue stratégique, on savait qu'engager les nazis dans une guerre ralentirait leurs avancées en matière de recherche et développement, ainsi que leur plan pour envahir l'Europe et possiblement le monde. Même si certains prototypes exotiques furent utilisés par les nazis pendant la guerre, le nombre de ceux qui étaient fonctionnels était insuffisant pour être efficace à repousser les Alliés. Les bombardements incessants sur les installations de développement d'armes spéciales nazies semblent avoir eu raison du

IIIe Reich d'Hitler. Toutefois, l'occupation subséquente des Alliés en territoire allemand durant la guerre fut empreinte à la fois de terreur et d'étonnement devant les avancées technologiques des nazis dans le domaine de l'aéronautique et de l'aérospatiale. Les nazis avaient l'intention de conquérir le monde avec des technologies qui déplaceraient les zones de combats de l'horizontale à la verticale. Autrement dit, les nazis prévoyaient utiliser l'espace autant comme plateforme de surveillance que pour initier des attaques ; ils étaient les précurseurs des guerres du futur…

Vers la fin de la Seconde Guerre mondiale, il y avait dans certaines anciennes installations nazies de nombreux prototypes en cours de développement, qui pouvaient être opérationnels rapidement en mettant le temps et les ressources nécessaires pour les achever. En dépit des bombardements alliés, de nombreuses installations secrètes de recherche et développement technologique avaient à peine été touchées. Certains officiers américains furent stupéfaits de découvrir autant de « merveilles » dans ces établissements souterrains. On s'empressa alors de signifier ces découvertes de grande importance aux plus hautes instances du gouvernement américain. À l'automne 1944, le général de l'armée de l'air des États-Unis, Henry Arnold, ordonna l'envoi de scientifiques américains de haut niveau pour évaluer le potentiel technologique des différents prototypes découverts dans les installations secrètes nazies. Ce fut le docteur Theodore von Karman, un ingénieur de renommée internationale spécialisé en aéronautique et en astronautique qui fut nommé pour diriger la mission en Allemagne. Le docteur von Karman s'entoura des meilleurs spécialistes des différents domaines de l'aéronautique, dont Hugh Dryden, un dirigeant de la NACA, (ancêtre de la NASA), et partit visiter secrètement les installations nazies au printemps 1945. Certaines histoires racontent que John F. Kennedy, alors officier de renseignement de la marine, accompagnait cette délégation.

La mission se dirigea en premier lieu à Braunschweig, un complexe de recherche et développement des plus discrets, où on étudiait l'aérodynamisme à partir de divers prototypes aéronautiques. Bien qu'à cet endroit il ne restait presque plus de matériel exploitable en raison des bombardements alliés, il y avait tout de même de nombreux scientifiques allemands qui avaient survécu aux attaques et qu'on avait fait prisonniers. Ces derniers, qui furent questionnés à propos des divers projets en cours, s'avérèrent être d'une aide précieuse compte tenu de leur compétence et de leur expertise en matière d'aéronautique expérimentale. De nombreux détails techniques concernant le comportement d'aéronefs à des vitesses supersoniques ainsi que des données sur la physiologie humaine à haute altitude furent partagés par ces scientifiques allemands captifs. Ces informations s'avérèrent de grande valeur pour les militaires américains, qui envisageaient d'aller dans l'espace dans les meilleurs délais. Pour être plus efficace et accélérer le processus d'investigation, la mission scientifique américaine dut se séparer afin d'interroger d'autres scientifiques allemands provenant des installations de Peenemünde, un autre site de recherche et développement situé en bordure de la mer Baltique. À Peenemünde, il avait été question du développement des missiles balistiques V1 et V2, dont on savait qu'ils pouvaient non seulement servir à améliorer l'arsenal de guerre américain, mais également aider au développement de missiles balistiques intercontinentaux et de fusées spatiales. Hugh Dryden, qui dirigea cette autre mission, se rendit à Munich où l'attendait le professeur Wernher von Braun ainsi que 400 scientifiques ayant travaillé aux installations de Peenemünde. Ces derniers étaient désormais tous prisonniers des Américains et on comptait en tirer un maximum d'informations pour les futurs programmes spatiaux de l'armée.[1]

Mais les prisonniers de Munich n'étaient qu'une partie du groupe originel ayant œuvré à Peenemünde sur les projets d'armes spéciales. Après les bombardements de Peenemünde en août 1943, le haut commandement nazi avait pris la décision de déménager une partie des installations en des lieux plus sécuritaires afin de mener à bien le projet d'armes spéciales *Wunderwaffe* et de remporter la guerre. Un groupe de scientifiques accompagnés des V1 et des V2 en cours de construction furent déménagés à Nordhausen et un autre groupe fut envoyé en Basse-Silésie dans un complexe souterrain creusé à même les montagnes Sudètes en Pologne. C'est dans ce complexe ultrasecret connu seulement des SS que les projets spéciaux hautement classifiés furent transférés. Là, on tentait de rendre fonctionnelles les technologies basées sur des ovnis récupérés par les nazis avant la guerre. Il s'agissait des armes de la dernière chance qui, si elles avaient été achevées, auraient probablement donné une issue bien différente à la guerre. Toutefois, en raison de l'avance rapide des Alliés sur plusieurs fronts, les derniers ordres donnés aux SS étaient d'empêcher l'ennemi de s'approprier des prototypes et des documents du projet *Wunderwaffe* par tous les moyens possibles. Ceci signifiait la destruction de tout matériel, document et installation liés à ce projet, ainsi que l'assassinat de tous les scientifiques impliqués dans ces projets secrets.

Von Braun, qui s'était rendu de lui-même aux Américains le 2 mai 1945, fuyait les SS qui avaient eu le mandat d'éliminer tous les scientifiques allemands avant qu'ils ne tombent entre les mains ennemies. Maintenant, tous les scientifiques allemands qui avaient été faits prisonniers par les Alliés faisaient face à un nouveau dilemme; coopérer avec les Américains (ou les Russes), être accusés pour crime de guerre au procès de Nuremberg, ou être tués par les SS… C'est ainsi que Wernher von Braun et 1500 autres scientifiques allemands ont rejoint le camp allié pour travailler sur des projets de recherche classifiés de l'armée américaine. Nom de code : *Opération Paperclip*. Certains de ces scientifiques furent envoyés à Fort Bliss au Texas, d'autres au Centre d'Essai balistique de White Sands au Nouveau-Mexique, d'autres encore à la base aérienne de Wright-Field dans l'Ohio.

C'est à White Sands, que se feront de nombreux essais sur les V2 récupérés en Allemagne. C'est en partie à l'aide de la technologie des V2 et de l'expertise des scientifiques allemands dirigés par Wernher von Braun que les Américains réussirent à entreprendre la course à l'espace. Si l'opération *Paperclip* avait pour mission d'expatrier des scientifiques allemands vers les États-Unis, c'est l'*Opération LUSTY* (**L**uftwaffe **S**ecret **T**echnology) qui avait pour but d'étudier et d'exploiter toutes les données provenant des installations nazies. À la base de Wright Field, dans l'Ohio, furent entreposés de nombreux aéronefs capturés en Allemagne ainsi que des tonnes de documents. Ce n'est qu'en décembre 1945 que le personnel d'*Air Technical Service Command* (ATSC), dirigé alors par le lieutenant-général Twining, entreprit de cataloguer quelque 55 000 documents récupérés en Allemagne lesquels représentaient le *nec plus ultra* des technologies nazies en matière aéronautique et aérospatiale.[2]

Les Américains sauvèrent ainsi des années de recherche et développement ainsi que des millions de dollars en utilisant les données provenant des travaux des scientifiques allemands. La majeure partie des informations récupérées tombèrent immédiatement sous le contrôle des militaires, qui leur attribuèrent une classification supérieure à top secret, diminuant ainsi les possibilités de fuite vers les communistes. Tout comme on l'avait fait pour le projet Manhattan ayant mené à la production de la première bombe atomique, l'ensemble des connaissances scientifiques nazies devint un des secrets les mieux gardés au sein du complexe militaro-industriel américain. Une des raisons principales du secret était les connaissances acquises par les nazis en matière de rétro-ingénierie extraterrestre dont l'exploitation pouvait mener au contrôle de la Terre entière via la militarisation de l'espace. On retrouve un résumé de la situation dans un extrait d'une partie de document classifié des services de renseignement de l'USAF (figure 42) faisant référence à un incident de nature ufologique (un *crash* d'ovni suivi d'une récupération qui s'était produit au Nouveau-Mexique) :

C. La science germanique a une avance de 25 années dans le domaine des fusées et des designs de vaisseaux spatiaux, mais n'avait pas franchit la limite de l'espace en 1945.

D. Soit qu'une nation, inconnue des renseignements américains, a développé un vaisseau spatial à propulsion nucléaire – ou la technologie présentement sous étude provient d'une autre planète ou système solaire.

E. La liaison avec les sources de renseignements étrangers doit continuer jusqu'à ce que ce problème soit résolu.

F. La priorité donnée aux rapports d'observation et d'atterrissage doit continuer dans l'intérêt de la sécurité nationale.[3]

C. German science has a 25 year lead in rocketry and space craft design, but was not capable of space flight in 1945.

D. Either some nation, not known to U.S. Intelligence, has developed an advance nuclear propulsion space craft—or the technology currently under study is from another planet or solar system.

E. Liaison with foreign intelligence channels must continue until this problem is resolved.

F. Priority given to reported sightings and landings must continue in the national security interest.

IV. DISCUSSION:

A. Nature of Survey.

An analysis has been made of the first one-hundred publications in the AFSA Unidentified Flying Object Intelligence Reports, prepared by the U.S. Army Security Agency, the U.S. Naval Security Group, and the U.S. Air Force Security Service. Additional reports were reviewed which originated from respective branches intelligence departments. These reports were produced in order to establish what material of UFO intelligence is of value in relation to the New Mexico incidents and the ongoing MAJESTIC PROGRAM.

1. The AFSA UFO Intelligence Reports, numbered 1 to 100 (the last dated December, 1950), present significant information on a broad variety of subjects and areas where UFOs were sighted in the air and on the ground (few cases alleged underwater take-offs) since 1946. The published documents consolidate records of derived from the accumulated reports on the interviews, radio and teletype signals, military and civilian radar films, official government communiques, and intelligence agents, here and abroad.

2. In this digest, primary attention has been paid to information of technical intelligence interest, particularly in the nuclear weapons and propulsion developments in the Soviet Union.

3. For the most part, the sources utlized were not specially trained observers, and the sources may have been subjected to the familiar pitfalls common to all eyewitness and second-hand reports. It must be emphasized that, because the interrogators were not always specialists in the field of paranormal sciences, there is much lack of detail.

4. Whenever feasible, detachments of the Army's Interplanetary Phenomenon Unit, were dispatched to sites deemed worthy of investigation and recovering tangible evidence for scientific study.

- 2 -

Figure 42. Document des services de renseignements de l'USAF, 1955.

Si l'on se fie à d'autres documents classifiés du gouvernement américain, il semble bien que le lieutenant-général Twining, commandant du ATSC à la base de Wright Field, avait été impliqué directement dans plusieurs événements en lien avec la récupération et l'étude subséquente d'ovnis *crashés* aux États-Unis. Lorsqu'en juillet 1947, un disque volant de nature inconnue s'est écrasé au Nouveau-Mexique, c'est le lieutenant-général Twining qui fut mandaté par le président Truman afin de faire une enquête sommaire de l'événement et de produire un rapport décrivant la situation. Le 16 juillet 1947, après s'être rendu aux différentes installations où étaient entreposés les restes de l'engin récupéré et avoir rencontré les responsables des lieux, le lieutenant-général Twining fit parvenir au commandant de l'USAAF, le général Carl Spaatz, le document : *Air Accident Report on Flying Disc aircraft that crashed near White Sands Proving Ground New Mexico.*[4]

On retrouve dans ce rapport une analyse technique sommaire des composantes récupérées ainsi que quelques hypothèses relatives à leur provenance. La participation du docteur Theodore von Karman y est également mentionnée, et c'est en tant que responsable du Groupe consultatif scientifique de l'armée de l'air (AAFSAG) que ce dernier aurait contribué à l'analyse des débris « exotiques » provenant des disques *crashés*. D'autres noms sont cités dans le document, dont ceux des docteurs August Steinhoff et Wernher von Braun; tous deux sont des scientifiques de l'opération *Paperclip* désormais impliqués dans des projets de recherche et développement classifiés. La présence de ces derniers était requise pour aider à déterminer si les débris récupérés pouvaient être des armes secrètes nazies ou, dans le cas contraire, découvrir le mode de fonctionnement de ceux-ci.

Le 19 septembre 1947, le lieutenant-général Twining présenta un autre rapport en lien avec des ovnis récupérés. Il s'agissait du *Mission Assessment of Recovered Lenticular Aerodyne Objects,* un rapport de dix-neuf pages dans lequel étaient inscrits tous les détails de l'opération de récupération d'ovnis *crashés* au Nouveau-Mexique quelques mois plus tôt. Chacun des aspects relatifs à la science, aux technologies, aux renseignements, à la politique et à la sécurité nationale y était abordé avec l'urgence d'une situation de crise. C'est d'ailleurs après cet événement particulier que l'administration Truman promulgua la Loi sur la Sécurité nationale, laquelle devint en vigueur le 26 juillet 1947, soit dix jours seulement après le premier rapport du lieutenant-général Twining. C'est à partir de cette nouvelle loi que l'administration Truman eut l'autorité nécessaire pour unir la marine et l'armée de terre sous une seule et même structure, tout en créant l'USAF (armée de l'air des États-Unis) à partir de l'USAAF. Ces trois éléments de l'armée se retrouvèrent ainsi sous le contrôle de James Forrestal, le premier secrétaire à la Défense. Les services de renseignements ne furent pas en reste dans ces remaniements de pouvoir. Le Groupe de renseignements central (CIG), un organisme jusqu'alors clandestin et sans réelle autorité sur les autres services de renseignements, devint l'Agence centrale de renseignements (CIA). La CIA fut créée à l'époque pour gérer tout ce qui se rapportait aux ovnis et à la présence extraterrestre au pays et à l'étranger.

En 1963, l'ancien président Harry Truman fut questionné par le FBI sur la relation de la CIA et le rôle de celle-ci dans la collecte d'information en lien avec les ovnis. On lui demanda également s'il avait autorisé l'opération Majestic-12… Ce à quoi il répondit :

> Le Congrès a eu une grande surprise, en ce que les législateurs furent demandés de créer en 1947… et ce qu'ils pensaient qu'ils créaient… était un service de renseignements du gouvernement. Ce qu'ils ont fait était de donner à la CIA, par là je veux dire le Directeur du renseignement central l'autorité de retenir des informations sur les ovnis loin du public, incluant le Congrès. [5]

Le Conseil de sécurité nationale était donc la contrepartie visible de cette structure tentaculaire du contrôle de l'information sur les ovnis au sein de laquelle figuraient d'autres organismes clandestins tels que le comité Majestic-12. L'avènement de la guerre froide était le meilleur des prétextes pour obtenir des budgets, étudier les ovnis dans une perspective militaire et garder tout ce qui s'y rapporte sous le sceau du secret d'État. De nombreux auteurs de l'époque tels que Donald Keyhoe et Frank Scully avaient effectivement découvert le stratagème et avaient tenté sans réel succès de dévoiler la véritable situation au grand public. Malheureusement pour ces chercheurs de vérité, les dés étaient pipés à l'avance car des ressources considérables, autant humaines que financières, étaient attribuées aux seules fins de garder ces informations à l'écart du public pendant que se développait dans le plus grand secret un véritable arsenal de guerre spatiale.[6]

CONCLUSION

Il est bien possible finalement que la véritable raison du secret sur les ovnis et la présence extraterrestre est que toutes les ressources employées par les autorités supérieures ne servent en fin de compte qu'à empêcher des espèces extraterrestres pacifiques de nous contacter pour nous indiquer une nouvelle façon de vivre l'expérience humaine, car l'expression d'un nouveau mode de vie pacifique basé sur les enseignements de ces frères et sœurs de l'espace est certainement perçu comme une menace directe au contrôle du complexe militaro-industriel. Il est bien possible également que certains des ovnis *crashés* aient été en fait des vaisseaux pilotés par des extraterrestres pacifiques n'ayant aucune intention hostile envers la population de cette planète. Pour ce qui est de la grande divulgation tant attendue, Wilbert Smith était plutôt d'avis que celle-ci ne viendrait jamais des instances gouvernementales en place et que s'acharner sur ces instances pour qu'elles dévoilent la vérité sur la situation en lien avec la présence extraterrestre était une véritable perte de temps et d'énergie, car comme il le disait à ses correspondants, tout ceci sera dévoilé en temps voulu. L'accès de notre civilisation à de nouvelles technologies permettant le voyage spatial, ne peut se faire tant que notre civilisation n'a pas atteint la maturité nécessaire pour les utiliser. Les décennies à venir seront sans aucun doute critiques pour atteindre cette maturité qui fera de nous une civilisation ouverte sur le cosmos prête à expérimenter son plein potentiel dans le respect des lois cosmiques.

ANNEXE I

LISTE DES SIGLES ET ACRONYMES

BRUSA: Britain–United States of America Agreement

CANUSA : Canada-United States Agreement

CIA : Central Intelligence Agency

COMINT : Communication Intelligence

CST : Centre de la sécurité de télécommunications

DAI : Directorate of Air Force Intelligence

DCI : Director of Central Intelligence

DSI : Directorate of Scientific Intelligence

DND: Department of national Defense (USA)

DOT: Department of Transport

DRB : Defense Research Board (Canada)

GCHQ: Government Communications Headquarters

GRC: Gendarmerie royale du Canada

JANAP 146: Joint Army- Navy- Air Force Publication 146

JIC : Joint Intelligence Committee

JTRIG: Joint Threat Research Intelligence Group

MDN : Ministère de la défense nationale (Canada)

NDRC : National Defence Research Committee

NSA: National Security Agency (USA)

NICAP: National Investigations Committee on Aerial Phenomena

OSRD: Office of scientific Research and development (USA)

RCMP: Royal Canadian Mounted Police

SCRS: Service canadien de renseignements et de sécurité

SIGINT: Signal Intelligence

STANCIB: State-Army-Navy Communication Intelligence Board

UKUSA: United Kingdom-United States Agreement

USAAF: United States Army Air force

USAF: United States Air force

USCIB: United States Communication Intelligence Board

ANNEXE II

RAPPORT DU PROJET *MAGNET et*

GRAPHIQUES

5-10-325

PROJECT MAGNET REPORT

During the past five years there has been accumulating in the files of the United States Air Force, Royal Canadian Air Force, Department of Transport, and various other agencies, an impressive number of reports on sightings of unidentified flying objects popularly known as "Flying Saucers". These files contain reports by creditable people on things which they have seen in the sky, tracked by radar, or photographed. They are reports made in good faith by normal, honest people, and there is little if any reason to doubt their veracity. Many sightings undoubtedly are due to unusual views of common objects or phenomenae, and are quite normal, but there are many sightings which cannot be explained so easily.

Project Magnet was authorized in December, 1950, by Commander C.P. Edwards, then Deputy Minister of Transport for Air Services, for the purpose of making as detailed a study of the saucer phenomenae as could be made within the framework of existing establishments. The Broadcast and Measurements Section of the Telecommunications Division were given the directive to go ahead with this work with whatever assistance could be obtained informally from outside sources such as Defence Research Board and National Research Council.

It is perfectly natural in the human thinking mechanism to try and fit observations into an established pattern. It is only when observations stubbornly refuse to be so fitted that we become disturbed. When this happens we may, and usually do, take one of three courses. First, we may deny completely the validity of the observations; or second, we may pass the whole subject off as something of no consequence; or third, we may accept the discrepancies as real and go to work on them. In the matter of Saucer Sightings all three of these reactions have been strikingly apparent. The first two approaches are obviously negative and from which a definite conclusion can never be reached. It is the third approach, acceptance of the data and subsequent research that is dealt with in this report.

The basic data with which we have to work consist largely of sightings reported as they are observed throughout Canada in a purely random manner. Many of the reports are from the extensive field organization of the Department of Transport whose job it is to watch the sky and whose observers are trained in precisely this sort of observation. Also, there are in operation a number of instrumental arrangements such as the ionospheric observatories from which useful data have been obtained. However, we must not expect too much from these field stations because of the very sporadic nature of the sightings. As the analysis progresses and we know more about what

Figure 43. Rapport du projet *Magnet,* P.1.

174

- 2 -

to look for we may be able to obtain and make much better use
of field data. Up to the present we have been prevented from
using conventional laboratory methods owing to the complete lack
of any sort of specimens with which to experiment, and our
prospects of obtaining any in the immediate future are not very
good. Consequently, a large part of the analysis in these
early stages will have to be based on deductive reasoning, at
least until we are able to work out a procedure more in line
with conventional experimental methods.

The starting point of the investigation is essentially
the interview with an observer. A questionnaire form and an
instructional guide for the interrogater were worked out by
the Project Second Storey Committee, which is a Committee
sponsored by the Defence Research Board to collect, catalogue
and correlate data on sightings of unidentified flying objects.
This questionnaire and guide are included as Appendix I, and
are intended to get the maximum useful information from the
observer and present it in a manner in which it can be used to
advantage. This form has been used so far as possible in
connection with the sightings investigated by the Department
of Transport.

A weighting factor is assigned to each sighting
according to a system intended to minimize the personal equation.
This weighting system is described in Appendix II. The weighting
factor may be considered as the probability that the report
contains the truth, the whole truth and nothing but the truth,
so far as the observer and interrogater are aware. It has
nothing to do with the nature of the object claimed to be seen.
It is in a sense analagous to the order of precision with which
a measurement may be made, and for the purpose of this analysis
this is precisely the manner in which it is used.

Sightings may be grouped according to certain salient
features, and the combined weight of all pertinent observations
with respect to these features may be determined by applying
Peter's formula, which is a standard mathematical technique for
determining probable error.

$$r_0 = \frac{.8453}{n \sqrt{n-1}} \ (v_1 + v_2 + v_3 + \dots \dots v_n)$$

where r_0 is the probable error of the mean, n is the number of
observations and v is the probable error of each observation,
that is, unity minus the weighting factor. This method has the
advantage of being simple and easy to use and enables a number
of mediocre observations to be combined effectively into the
equivalent of one good one.

Figure 44. Rapport du projet *Magnet*, p.2.

175

The next step is to sort out the observations according to some pattern. The particular pattern is not so important as the fact that it should take account of all contingencies, however improbable they may appear at first sight. In other words, there must be a compartment somewhere in the scheme of things into which each sighting may be placed, comfortably, and with nothing left over. Furthermore, it must be possible to arrive at each appropriate compartment by a sequence of logical reasoning taking account of all the facts presented. If this can be done, then the probability for the real existence of the contents of any compartment will be the single or combined weighting factor pertinent to that single or group of sightings. The charts shown in Appendix III were evolved as a means for sorting out the various sightings and provide the pattern which was used in the analysis of those sightings reported to and analysed by the Department of Transport.

Most sightings fit readily into one of the classifications shown, which are of two general types; those about which we know something and those about which we know very little. When the sightings can be classified as something we know about, we need not concern ourselves too much with them, but when they fit into classifications which we don't understand we are back to our original position of whether to deny the evidence, dismiss it as of no consequence, or to accept it and go to work on it. The process of sorting out observations according to these charts and fitting them into compartments can hardly be considered an end in itself. Rather, it is a convenience to clarify thinking and direct activity along profitable channels. It shows at once which aspects are of significance and which may be bypassed. Merely placing a sighting under a certain heading does not explain it; it only indicates where we may start looking for an explanation.

Appendix IV contains summaries of the 1952 sightings as investigated by the Department of Transport. Considerably more data exists in the files of other agencies, and more is being collected as the investigations proceed. While it is not intended to make any reference to an analysis of the records of other agencies, it may be said that the Department of Transport sightings are quite representative of the sightings reported throughout the world. The following is a table of the breakdown of the 25 proper sightings reported during 1952.

Figure 45. Rapport du projet *Magnet,* p.3.

- 4 -

NATURE OF SIGHTINGS	NUMBER	WEIGHT
Probably meteor	4	91%
Probably aircraft	1	69%
Probably balloons	1	74%
Probably marker light	1	64%
Bright speck at night, not star or planet	3	75%
Bright speck daylight, not star or planet	1	68%
Luminous ring	1	68%
Shiny cone	1	53%
Circular or elliptical body, shiny day	5	88%
Circular or elliptical body luminous night	5	90%
Unidentified lights of various kinds	2	77%
TOTAL NUMBER OF PROPER SIGHTINGS	25	96%

With reference to the above table, of the four cases identified as probably meteors, their weight works out at 91%, which is the probability that the observers actually did see meteors which appeared as they described them. Considering the circular or elliptical bodies together, their weight works out at 91% for the ten sightings, from which we may conclude that SOMETHING answering this description was actually observed. Similarly we may consider each of the other groups of sightings, taking account of the probability that the observations are reliable.

It is not intended to describe here in detail the intricate and tedious processes by which the sightings are evaluated, beyond the fact that the pattern set forth in the charts of Appendix III is followed. The cardinal rule is that a sighting must fit completely under one or more of the chart headings, with nothing left over and without postulating any additions, deletions, or changes in the facts as reported. Should there be no suitable heading, then obviously the charts must be expanded to provide one, in fact this was the evolution of these charts. Where a sighting may be fitted under more than one heading an arbitrary division of the probability of finding it under each applicable heading is assigned. The sum of such probability figures must of course be unity, and the probability for the real existence under any particular heading is the product of this probability figure and the reliability or weighting factor for the sighting concerned.

It is apparent that the judgment of the people doing the evaluating is bound to enter the picture and may produce substantial numerical differences with reference to sightings listed under certain headings. However, since many headings are automatically eliminated by the nature of the facts available, the discrepancies are confined to the probability figures for the distribution under the remaining headings which are considered eligible, and we end up with definite classifications for the sightings with SOME probability figure for the reality of each group. This has the effect of forcing those who are doing the evaluating to face the reported facts squarely, pay meticulous attention to them, and place each sighting honestly under the only headings where it will fit.

Figure 46. Rapport du projet *Magnet,* p.4.

In working through the analysis of the proper sightings listed, we find that the majority of them appear to be of some material body. Of these, seven are classed as probably normal objects, and eleven are classed as strange objects. Of the remainder, four have a substantial probability of being material. strange, objects, with three having a substantial probability of being immaterial, electrical, phenomenae. Of the eleven strange objects the probability definitely favours the alien vehicle class, with the secret missile included with a much lower probability.

The next step is to follow this line of reasoning as far as possible so as to deduce what we can from the observed data. Vehicles or missiles can be of only two general kinds, terrestrial and extra-terrestrial, and in either case the analysis enquires into the source and technology. If the vehicles originate outside the iron curtain we may assume that the matter is in good hands, but if they originate inside the iron curtain it could be a matter of grave concern to us.

In the matter of technology, the points of interest are: - the energy source; means of support, propulsion and manipulation; structure; and biology. So far as energy is concerned we know about mechanical energy and chemical energy, and a little about energy of fission, and we can appreciate the possibility of direct conversion of mass to energy. Beyond this we have no knowledge, and unless we are prepared to postulate a completely unknown source of energy of which we do not know even the rudiments, we must conclude that the vehicles use one of the four listed energy sources. Unless something we do not understand can be done with gravitation, mechanical energy has little use beyond driving model aircraft. We use chemical energy to quite an extent, but we realize its limitations, so if the energy demands of the vehicles exceed what we consider to be the reasonable capabilities of chemical fuels, we are forced to the conclusion that such vehicles must get their energy from either fission or mass conversion.

With reference to the means for support, propulsion and manipulation, unless we are prepared to postulate something else quite beyond our knowledge, there are only the two groups of possibilities, namely the known means and the speculative means. Of the known means there is only physical support through the use of buoyancy or airfoils, the reaction of rockets and jets, and centrifugal force, which is what holds the moon in position. Of the speculative means we know only of the possibility of gravity waves, field interaction and radiation pressure. If the observed behaviour of the vehicles is such as to be beyond the limitations which we know apply to the known means of support, then we are forced to the conclusion that one of the speculative means must have been developed to do the job.

Figure 47. Rapport du projet *Magnet*, p.5.

178

- 6 -

From a study of the sighting reports (Appendix IV),
it can be deduced that the vehicles have the following significant
characteristics. They are a hundred feet or more in diameter;
they can travel at speeds of several thousand miles per hour;
they can reach altitudes well above those which would support
conventional aircraft or balloons; and ample power and force
seem to be available for all required manoeuvres. Taking these
factors into account, it is difficult to reconcile this performance
with the capabilities of our technology, and unless the
technology of some terrestrial nation is much more advanced
than is generally known, we are forced to the conclusion that
the vehicles are probably extra-terrestrial, in spite of our
prejudices to the contrary.

It has been suggested that the sightings might be
due to some sort of optical phenomenon which gives the appearance
of the objects reported, and this aspect was thoroughly
investigated. Charts are shown in Appendix III showing the
various optical considerations. Enticing as this theory is,
there are some serious objections to its actual application, in
the form of some rather definite and quite immutable optical
laws. These are the geometrical laws dealing with optics generally
and which we have never yet found cause to doubt, plus the wide
discrepancies in the order of magnetude of the light values which
must be involved in any sightings so far studied. Furthermore,
introducing an optical system might explain an image in terms of
an object, but the object still requires explaining. A particular
effort was made to find an optical explanation for the sightings
listed in this report, but in no case could one be worked out.
It was not possible to find so much as a partial optical
explanation for even one sighting. Consequently, it was felt
that optical theories generally should not be taken too seriously
until such time as at least one sighting can be satisfactorily
explained in such a manner.

It appears then, that we are faced with a substantial
probability of the real existence of extra-terrestrial vehicles,
regardless of whether or not they fit into our scheme of things.
Such vehicles of necessity must use a technology considerably in
advance of what we have. It is therefore submitted that the
next step in this investigation should be a substantial effort
towards the acquisition of as much as possible of this technology,
which would without doubt be of great value to us.

W.B. Smith
Engineer-in-Charge,
Project Magnet

Figure 48. Rapport du projet *Magnet,* p.6.

APPENDIX III

SAUCER SIGHTING ANALYSIS CHARTS

Chart I ...... General nature of sightings

Chart II ..... Origin of vehicles

Chart III .... Technology of vehicles

Chart IV ..... Nature of vehicles

Chart V ...... Optical and Radar considerations

Chart VI ..... Observations and physical laws

Chart VII .... Electrical and thermal phenomenae

Chart VIII ... Life forms

Chart IX ..... Astronomical bodies

Figure 49. Annexe 3 du rapport du projet *Magnet*.

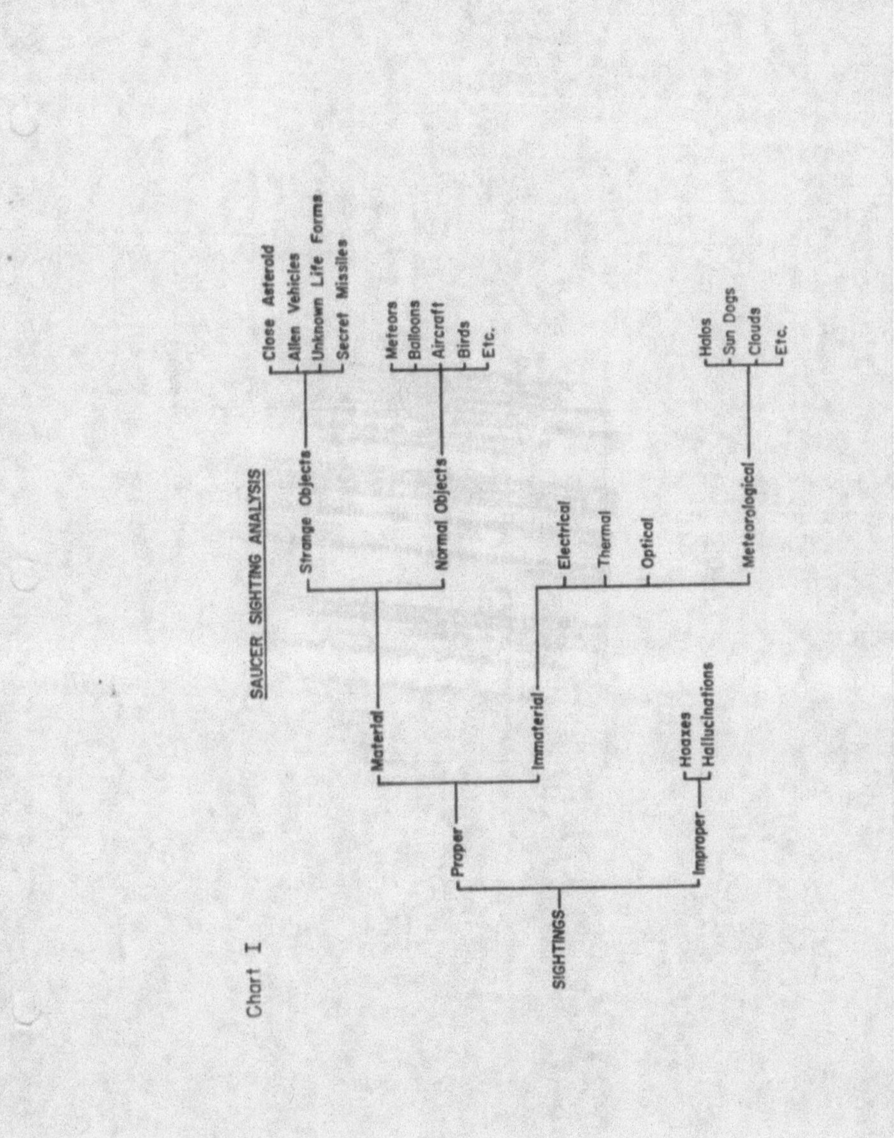

Figure 50. Graphique 1 du rapport du projet *Magnet*.

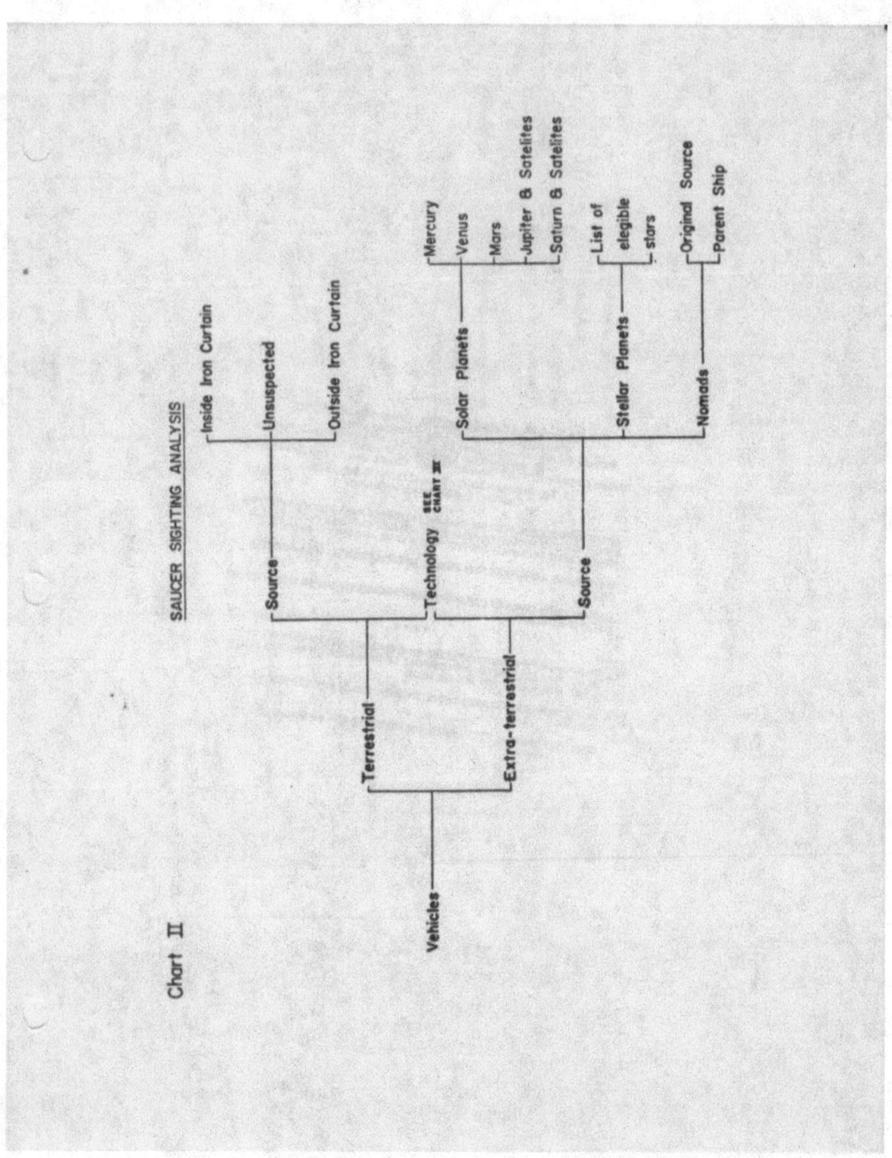

Figure 51. Graphique 2 du rapport du projet *Magnet*.

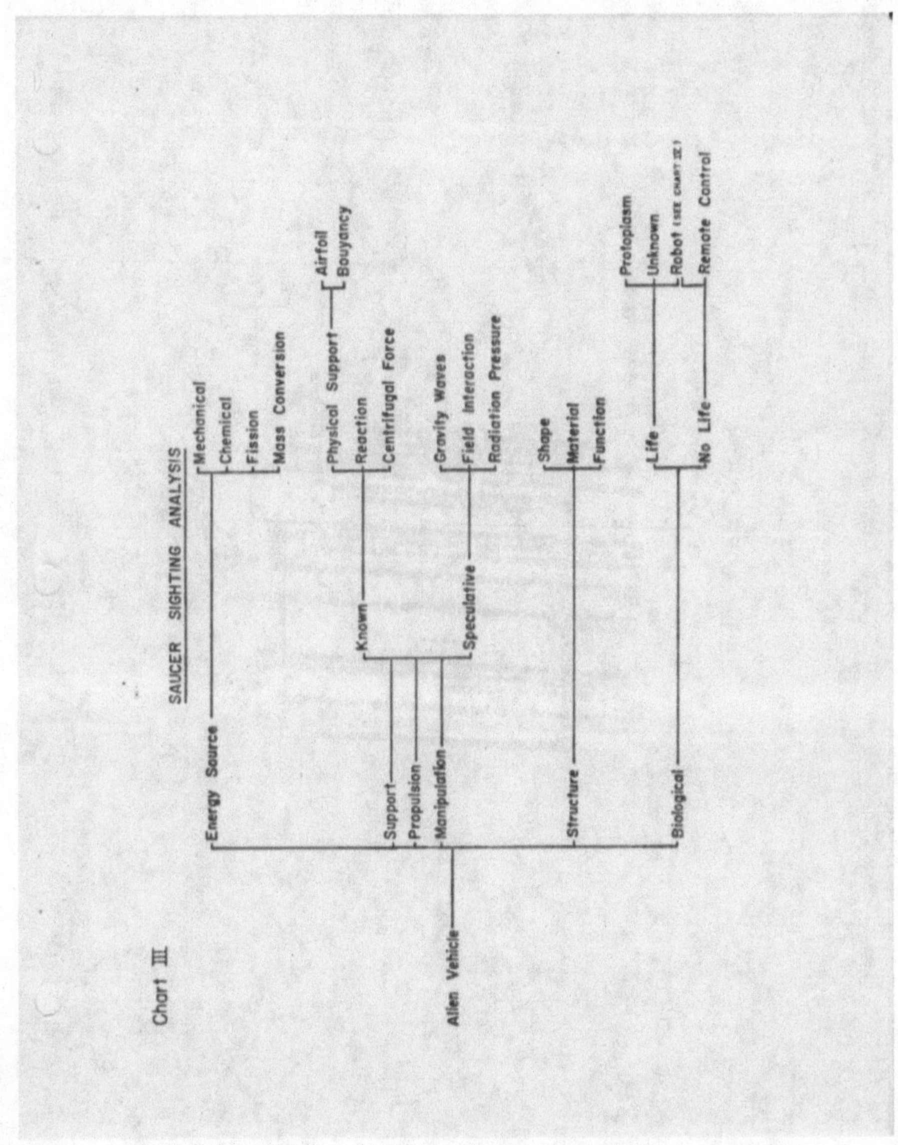

Figure 52. Graphique 3 du rapport du projet *Magnet*.

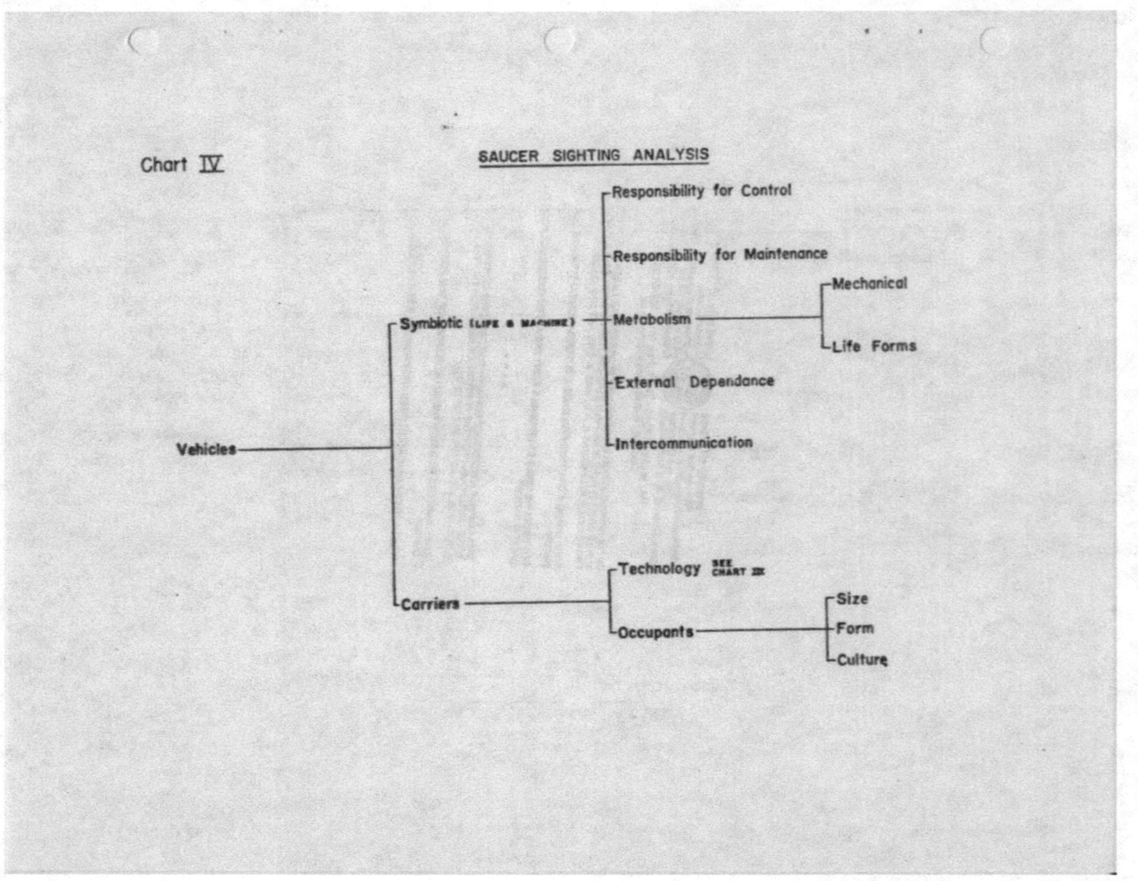

Figure 53. Graphique 4 du rapport du projet *Magnet*.

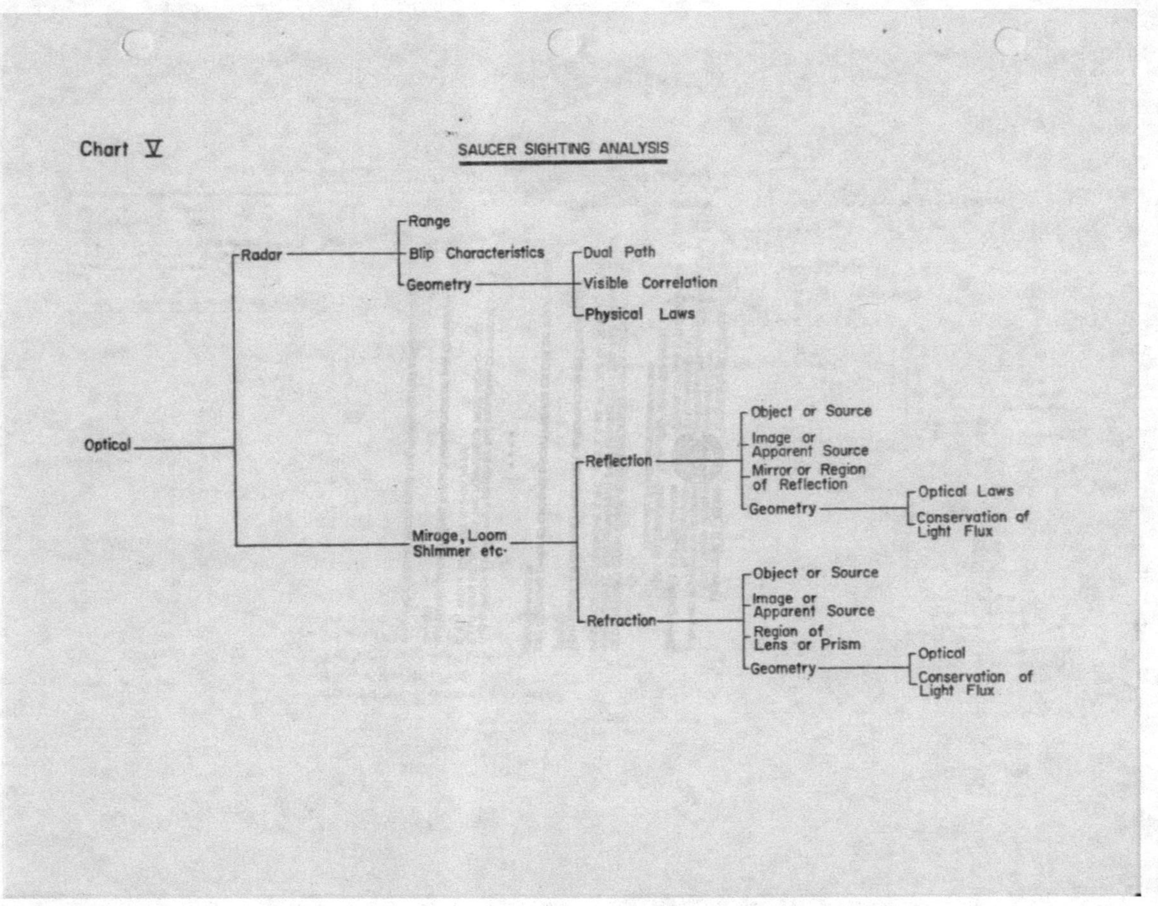

Figure 54. Graphique 5 du rapport du projet *Magnet*.

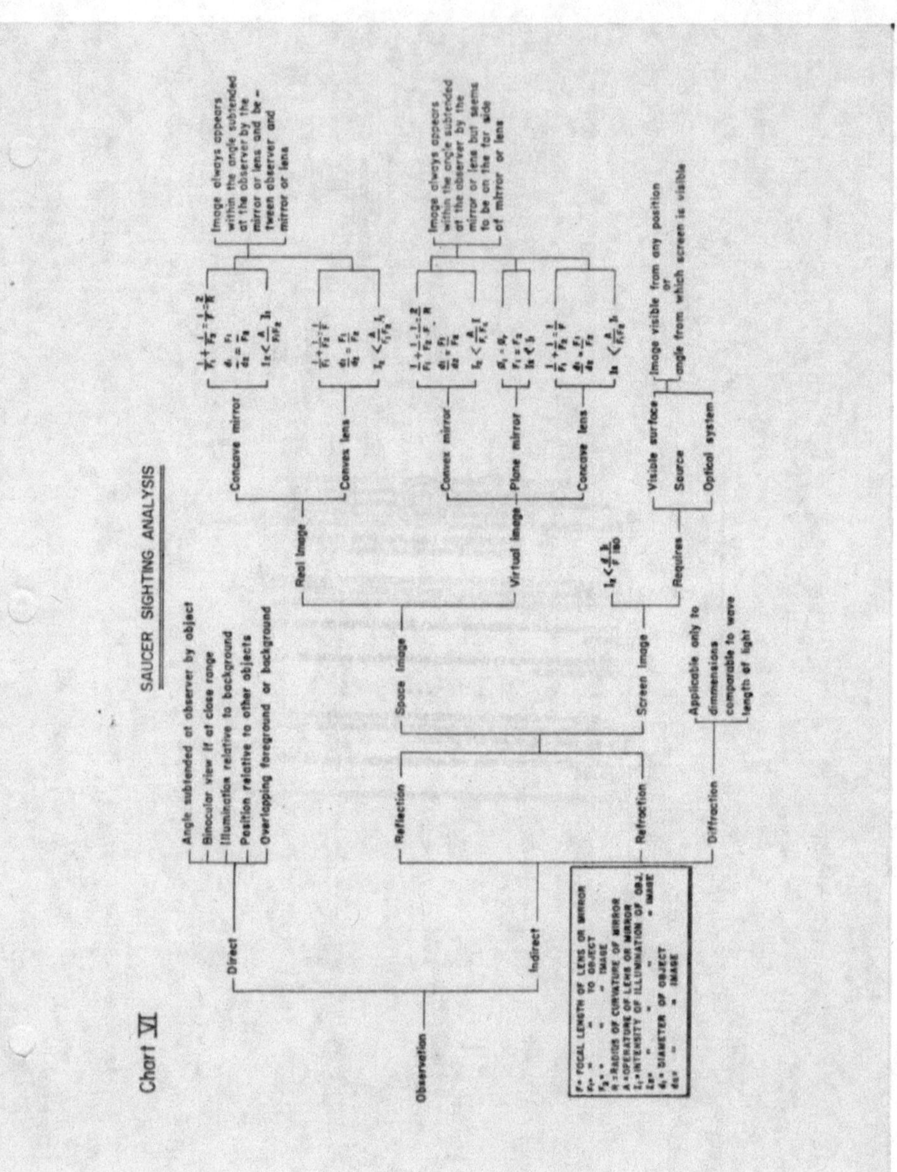

Figure 55. Graphique 6 du rapport du projet *Magnet*.

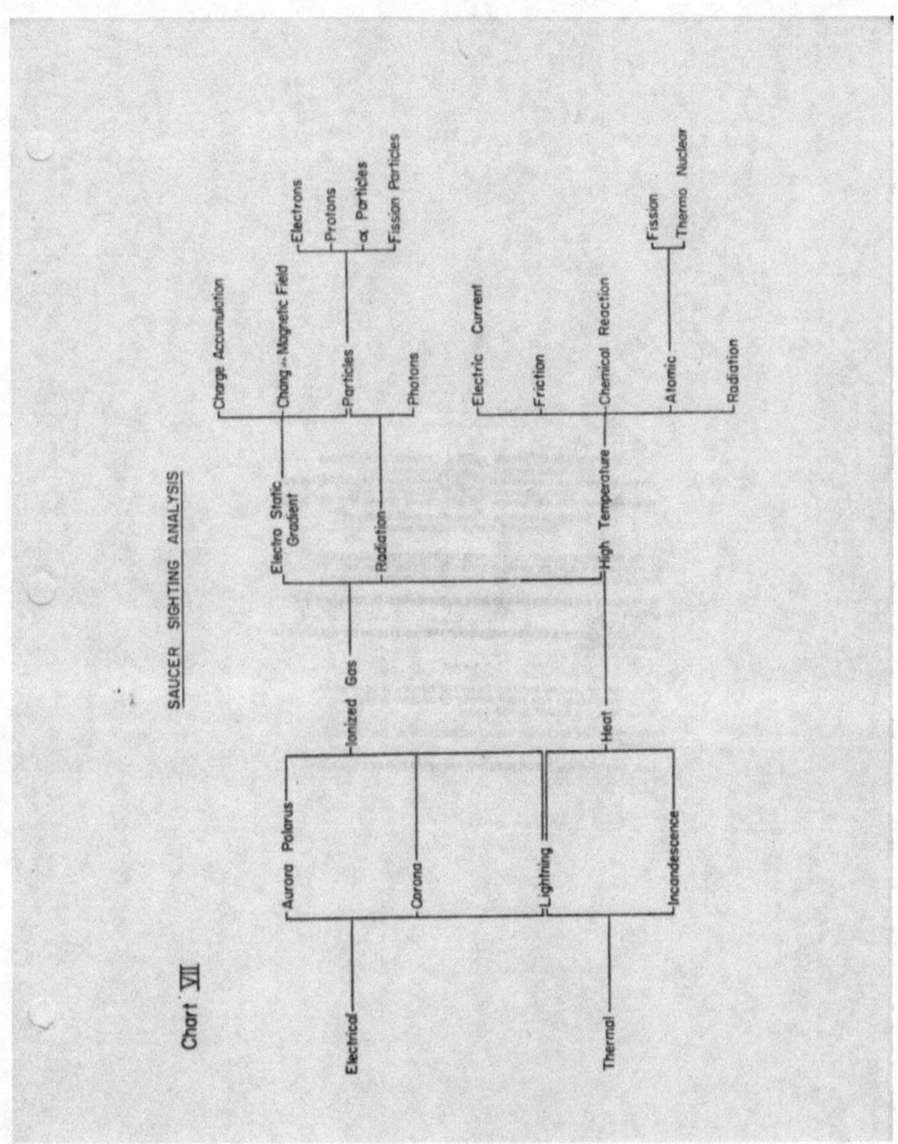

Figure 56. Graphique 7 du rapport du projet *Magnet*.

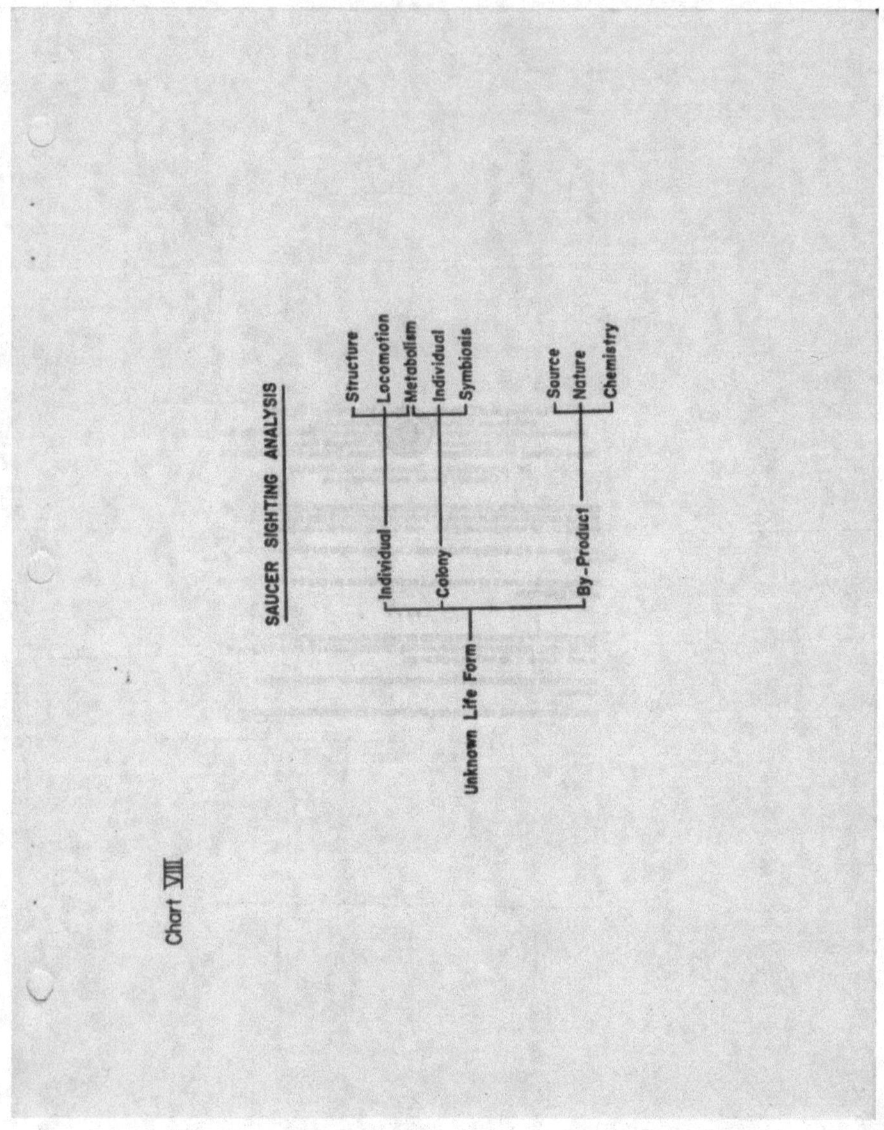

Figure 57. Graphique 8 du rapport du projet *Magnet*.

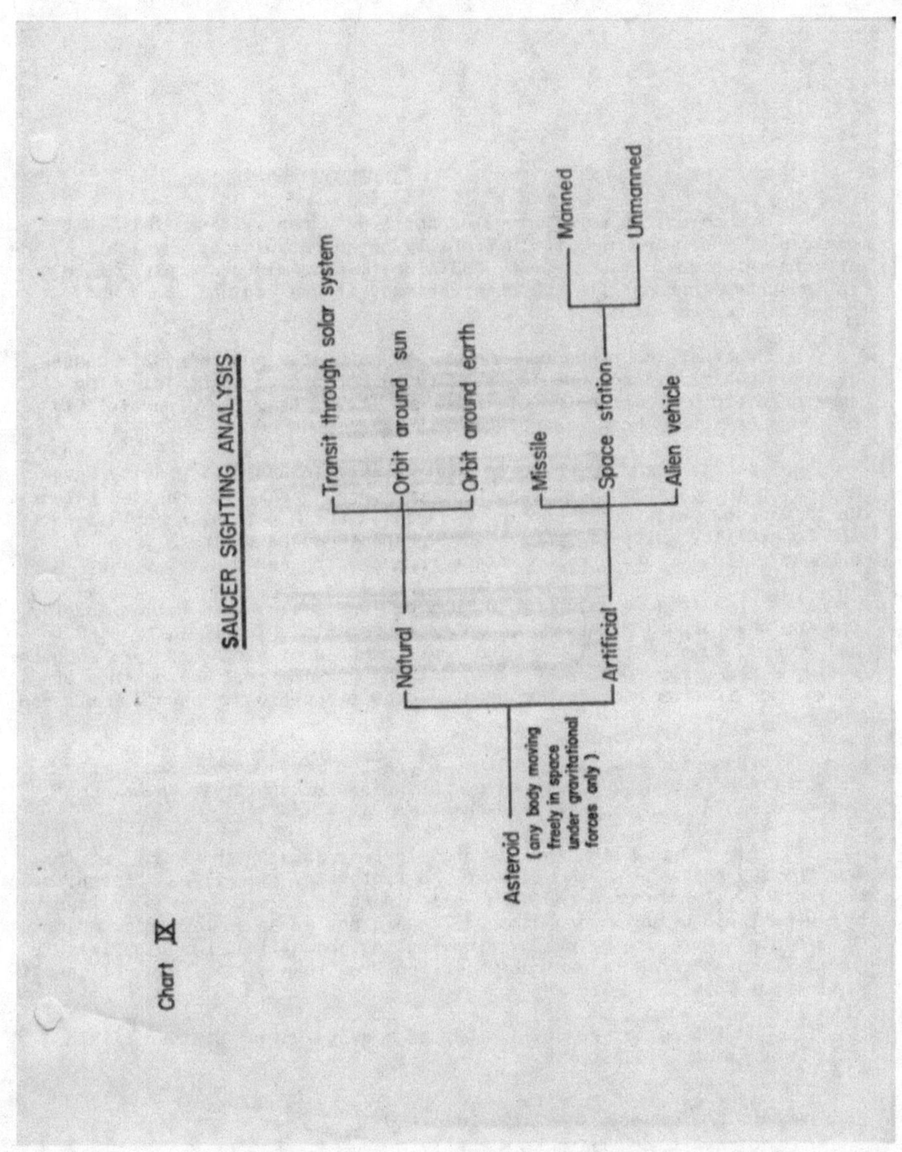

Figure 58. Graphique 9 du rapport du projet *Magnet*.

Based on the conclusions of the 1952 report, it was felt that certain of the phenomenae would probably be accompanied by physical effects which could be measured, and since measurements are alway more satisfactory than qualitative observations, it was decided to try and get some measured data.

Whether the phenomenae be due to natural electromagnetic causes, or alien vehicles, there would probably be associated with a sighting some magnetic or radio noise distrubance. Also, there is a possibility of gamma radiation being associated with such phenomenae.

It has been suggested by some mathematicians that gravity waves may exist in reality, as well as a convenience to make an equation balance. While we know practically nothing of such waves in nature, nevertheless, if the possibility exists, flying saucer phenomenae, being largely an unknown field, might be a good place to look for such gravity waves.

Therefore, a group of instruments was set up in a hut at Shirley Bay for the purpose of trying to get measurements which could be tied to one or more actual sightings. The instruments are; a compass type magneto-meter, a gamma ray counter, a radio set and gravimeter. The outputs of these four instruments are arranged to draw proportional traces on a 4 pen recorder.

These instruments went into operation last October and apart from the usual bugs, seems to be operating satisfactorily. We have as yet obtained no saucer data from them.

Our future plans include study of any data which we may get from our Shirley Bay set-up, should we be so fortunate, as well as the continued analysis of sighting reports which come in to us. We propose also to make rigid analysis of unknown phenomenae to see how much can be explained on this basis. Most of the previous work along these lines has been largely qualititive and open to serious objection from the point of view of quanti-tative analysis.

We intend to promote a study of gravity waves, whether within this Department or outside to find out if:

a) They exist in nature
b) How we can detect them if they do
c) How to generate them, and
d) What they may be used for.

Figure 59. Annexe B du rapport du projet *Magnet*.

190

ANNEXE III

FORMULAIRES DES RAPPORTS D'OBSERVATION DU PROJET *SECOND STORY*

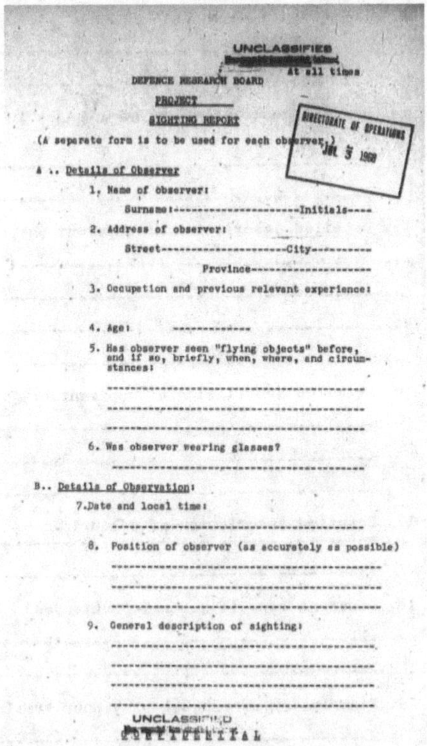

UNCLASSIFIED
At all times

DEFENCE RESEARCH BOARD

PROJECT

SIGHTING REPORT

(A separate form is to be used for each observer.)

DIRECTORATE OF OPERATIONS
JUL 3 1950

A .. Details of Observer

1, Name of observer:

Surname:------------------------Initials----

2. Address of observer:

Street-----------------------City----------

Province---------------------

3. Occupation and previous relevant experience:

4. Age: -------------

5. Has observer seen "flying objects" before,
and if so, briefly, when, where, and circum-
stances:

----

6. Was observer wearing glasses?

B.. Details of Observation:

7.Date and local time:

----

8. Position of observer (as accurately as possible)

----

9. General description of sighting:

UNCLASSIFIED
CONFIDENTIAL

Figure 60. Rapport d'observation du DRB, p.1.

. 2 .

10. Number of objects: ---------------------

11. Length of time observed: ----------------

12. Position : *in which first seen* :-

     Direction:------------------------

     Elevation:------------------------

13. Position in which last seen:

     Direction:------------------------

     Elevation:------------------------

14. General description of any changes in
    course:

    ----

15. Detailed description of apparent shape:

----

16. Detailed description of apparent brightness:

    ----

17. Detailed description of colour:

    ----

18. Apparent size (e.g. angle subtended)

    ----

19. Description of exhaust or vapour trails, if any:

C O N F I D E N T I A L

Figure 61. Rapport d'observation du DRB, p.2.

. 3 .

20. Description of noise, if any:

----

21. Weather conditions:

    (a) Clouds:

    (b) Visibility

    (c) Precipitation

    (d) General remarks:

    ----

22. Was the object flying above, below or in and
out of cloud?

----

23. Did anyone   else see the object? If so
names, and addresses:

    ----

24. Is there other contributory evidence:
(Photographic, or electronic--etc)

    ----

25. Any other details: (including sketch if possible)

Figure 62. Rapport d'observation du DRB, p.3.

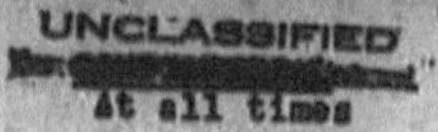

. 4 .

Details of Interrogator

26. Interrogator:

Surname: ---------------Initials/½----

Position held:-----------------------

27. Date and Place of Interrogation:

----

28. Interrogator's opinion of the reliability
of the observer.

Signature of Interrogator

Figure 63. Rapport d'observation du DRB, p.4.

RÉFÉRENCES BIBLIOGRAPHIQUES

Avant-propos

1. Wilbert SMITH, Mémorandum à la Division des Télécommunications du Service Aérien, boîte # 1126.2, Fonds Arthur Bray #X30-3, Archives et collections spéciales, Université d'Ottawa, 3 janvier 1951.

2. Stanton T. FRIEDMAN, Msc, *TOP SECRET/MAJIC – Operation Majestic-12 and the United-States Government's Cover-up*, Da Capo Press, Massachusetts, 1996, p.123.

Prologue

1. Entrevue avec Wilbert B. Smith, CJOH TV, *Émission sur les soucoupes volantes*, boîte #1126.2, Fonds Arthur Bray #X-30, Archives et collections spéciales, Université d'Ottawa, 1960, p.3.

Introduction

1. http://www.virtuallystrange.net/ufo/mufonontario/archive/brayint.htm

2. Arthur BRAY, *Canadian UFO Report*, vol. 3, no. 2, *Government Cover-up Exposed*, boîte # 1130.18, Fonds Arthur Bray #X30-3, Archives et collections spéciales, Université d'Ottawa, 1974, p.2.

Chapitre 1

1. Mémo au secrétaire du JIC, ministère de la défense nationale, Archives publiques Canada, RG24, Vol.17984, Dossier HQ 940-5, Partie I, 4 août 1950.

2. *Project Magnet Report*, Bibliothèque et Archives Canada, sans date, p. 6. www.bac-lac.gc.ca/eng/unusual/ufo/documents/magnet-report.pdf

3. C.P.CABELL, major general, USAF, *Reporting of information on Unconventional aircraft*, 8 September 1950, p.1.

4. Entrevue avec W.B. Smith, CJOH TV, Émission sur les soucoupes volantes, 1961, page 3, boîte # 1126.2, Fonds Arthur Bray #X30-3, Archives et collections spéciales, Université d'Ottawa.

Références Bibliographiques

5. Géomagnétisme-Mémo au Contrôleur des Télécommunications, boîte # 1126.2, Fonds Arthur Bray #X30-3, Archives et collections spéciales, Université d'Ottawa, 21 novembre 1950, p.2.
http://www.majesticdocuments.com/pdf/smithmemo-21nov51.pdf

6. Frank SCULLY, *Behind the flying saucer*, Popular library, Henry Holt & Co., New York, NY, 1950, chapter 3, p. 30

7. Wilbert, SMITH, Notes de l'entrevue avec le docteur Sarbacher, Archives et collections spéciales, Université d'Ottawa, Fonds Arthur Bray #X30-3, boîte # 1126.2, 15 septembre 1950.

8. Bibliothèque et Archives Canada, ministère de la Défense nationale, *Air Force Discontinues Flying Saucers Project*, Dossier HQ 940-5 Partie 1, RG 24, vol. 17984, p 274.

9. Wilbert, SMITH, Notes de l'entrevue avec le docteur Sarbacher, Archives et collections spéciales, Université d'Ottawa, Fonds Arthur Bray #X30-3, boîte # 1126.2, 15 septembre 1950.

10. Wilbert, SMITH, *The boys from top side*, Saucerians book, West Virginia, USA, Fonds Arthur Bray #X30-3, Archives et collections spéciales, Université d'Ottawa, 1969, chapter 7, pp.36-37.

11. Ibid.

12. Timothy Green BECLEY, *Facts about Wilbert Smith* in *Project Magnet, the lights in the sky are not stars*, 2017, p.34.

13. Ibid.

14. The Journal,*Ottawa lookout for saucers,* , November 11, 1953, p.1
https://ottawacitizen.com/news/local-news/u-is-for-ufos-in-ottawa-the-truth-is-still-out-there

15. Wilbert SMITH, Correspondance à Daniel Fry, boîte # 1126.3, Fonds Arthur Bray #X30-3, Archives et collections spéciales, Université d'Ottawa.*in* Grant CAMERON,*the Canadian government ufo story,*p.55

16. Géomagnétisme - Mémo au Contrôleur des Télécommunications, boîte # 1126.2, Fonds Arthur Bray #X30-3, Archives et collections spéciales, Université d'Ottawa, 21 novembre 1950, p.3.
http://www.majesticdocuments.com/pdf/smithmemo-21nov51.pdf

Références Bibliographiques

17. Public Archives Canada, Memorandum for Secretary of the Joint Intelligence Committee, Department of National Defence, RG 24, vol. 17984, File HQ 940-5, Part 1, 4 August 1950.

18. Ibid.

19. Wilbert SMITH, Mémo à Gordon Cox, Archives et collections spéciales, Université d'Ottawa, Fonds Arthur Bray #X30-3, boîte # 1126.2, 3 janvier 1951, p.2.

20. http://www.ottawa.drdc-rddc.gc.ca/html/drb_conseil_rech_def-fra.html

21. https://discoverarchives.library.utoronto.ca/index.php/defence-research-board

22. Wilbert SMITH, Correspondance à George,boîte # 1126.3, Fonds Arthur Bray #X30-3, Archives et collections spéciales, Université d'Ottawa, 10 octobre 1955.

23. Wilbert SMITH, Correspondance à Harry, boîte # 1126.3, Fonds Arthur Bray #X30-3, Archives et collections spéciales, Université d'Ottawa, 10 octobre 1955.

24. W. J., WILSON, Memorandum–project 'magnet', Library and Archives Canada, DRB, September, 15, 1969.

25. Géomagnétisme-Mémo au Contrôleur des Télécommunications, boîte # 1126.2, Fonds Arthur Bray #X30-3, Archives et collections spéciales, Université d'Ottawa, 21 novembre 1950, p.1.

26. Géomagnétisme-Mémo au Contrôleur des Télécommunications, boîte # 1126.2, Fonds Arthur Bray #X30-3, Archives et collections spéciales, Université d'Ottawa, 21 novembre 1950, p.1.

27. Géomagnétisme-Mémo au Contrôleur des Télécommunications, boîte # 1126.2, Fonds Arthur Bray #X30-3, Archives et collections spéciales, Université d'Ottawa, 21 novembre 1950, p.2.

28. Wilbert SMITH, Mémo à Gordon, Archives et collections spéciales, Université d'Ottawa, Fonds Arthur Bray #X30-3, boîte # 1126.2, 3 janvier 1951, p.1.

29. Wilbert SMITH, Mémo à Gordon, Archives et collections spéciales, Université d'Ottawa, Fonds Arthur Bbray #X30-3, boîte # 1126.2, 3 janvier 1951, p.2.

30.Req # A-2016-00131

Request for the documents comprising the original CANUSA Agreement and all subsequent modified/amended versions up to the present. Seeking the release of all appendices or other annexures, both originals and amended versions, if applicable.

31. https://luxexumbra.blogspot.com/2017/04/canusa-agreement-declassified.html

32. Lettre top secrète de G.G. CREAN (CRC) au major-général C.P. Cabell (USAF), 27 mai 1949, p.3. https://drive.google.com/file/d/0B0wdLKxvw1xsWEdCbWNOb19ic2s/view

33. Rapport IC 2000 (*Interception Capabilities 2000*) publié pour le Parlement européen par le Bureau d'Evaluation des Options Techniques et Scientifiques (STOA), et publié et traduit in Duncan Campbell, *Surveillance électronique planétaire*, Editions Allia, Paris, spécifiquement sur l'UKUSA, 2005, pp.17-24.

34.https://en.wikipedia.org/wiki/1943_BRUSA_Agreement

35.http://fr.wikipedia.org/wiki/Echelon

36.*Top Secret Ultra*, joint meeting of State-Army-Navy communication intelligence board and State-Army-Navy communication intelligence coordinating committee, 15 February 1946, p.4.

37. Mémo Important de source S-1 à Timothy Cooper, 7 juillet 1999.

38. Entrevue avec W.B. Smith, CJOH TV, Émission sur les soucoupes volantes,boîte # 1126.2, Fonds Arthur Bray #X30-3, Archives et collections spéciales, Université d'Ottawa, 1961, p.4.

39. https://cryptome.org/2014/10/nsa-sentry-eagle-2-the-intercept-14-1010.pdf

40. Ibid.
41. "The Art of Deception: Training for a New Generation of Online Covert Operations
https://edwardsnowden.com/docs/doc/the-art-of-deception-training-for-a-new.pdf

42. https://www.nsa.gov/Portals/70/documents/news-features/declassified-documents/ufo/janap_146.pdf

43. Communication instructions for Reporting vital intelligence Sightings from aircraft (CIRVIS), JANAP 146 (b), the joint chiefs of staff joint communications-electronics committee, Washington D.C., September 2, 1951. https://www.cufon.org/cufon/janp1462.htm

44. NORAD, *Standardized Canadian-United States Communications Instructions for Reporting Vital Intelligence Sightings* (CIRVIS/MERINT), 13 December, 1957.

45. 002029-2001-f, Department of Transport RG12 acc. 1980-81/303 700-20 pt. 2 *Telecommunications & electronics Reporting of Vital Intelligence Sightings* (Cirvis/merint)

46. 002029-2002-f cirvis-merint Department of national defence, Le phénomène des ovnis au Canada - Bibliothèque et Archives nationales, http://www.collectionscanada.gc.ca/ufo/002029-2002-f.html

47. 002029-2001-f, Department of Transport RG12 acc. 1980-81/303 700-20 pt. 2 *Telecommunications & electronics Reporting of Vital Intelligence Sightings* (Cirvis/merint), http://www.collectionscanada.gc.ca/ufo/002029-2001-f.html

Chapitre 2

1. Frank SCULLY, *Behind the flying saucer*, Popular library, Henry Holt & Co., New York, NY,1950, chapitre 12 p.80.

2. Géomagnétisme, Mémo au Contrôleur des Télécommunications, Project Magnet, boîte # 1126.2, Fonds Arthur Bray #X30-3, Archives et collections spéciales, Université d'Ottawa, 21 novembre 1950, p.2.

3. Wilbert SMITH, *Project Magnet Report*, boîte # 1126.2, Fonds Arthur Bray #X30-3, Archives et collections spéciales, Université d'Ottawa, 18 janvier 1952, p.1.

4. http://istp.gsfc.nasa.gov/earthmag/dynamos2.htm

5. http://ankaweb.fzk.de/website.php?page=science_condensed&id=7

6. Michel FARADAY, Wikipédia, Consulté en ligne le 12 mars 2011 à 21 :00 URL : http://fr.wikipedia.org/wiki/Michael_Faraday

Références Bibliographiques

7. James, C. MAXWELL, 1864, *A Dynamical Theory of the Electromagnetic Field*

8.Wilbert SMITH, *Project Magnet Thinking as of July 1952*, boîte # 1126.2, Fonds Arthur Bray #X30-3, Archives et collections spéciales, Université d'Ottawa. Et Wilbert, SMITH, *Project Magnet Report*, Sans date, Bibliothèque et archives Canada, #5-10-325, p.2. www.bac-lac.gc.ca/eng/unusual/ufo/documents/magnet-report.pdf

9. http://istp.gsfc.nasa.gov/earthmag/dynamos2.htm

10. http://fr.wikipedia.org/wiki/Gravitation

11.Wilbert SMITH, *Project Magnet Thinking as of July 1952*, boîte # 1126.2, Fonds Arthur Bray #X30-3, Archives et collections spéciales, Université d'Ottawa, 1952, p.2.

12. Ibid., p.3.

13. Ibid., p.4.

14. Ibid., p.14.

15. http://fr.wikipedia.org/wiki/Gravitation

16. Frank SCULLY, *Behind the flying saucer*, Popular library, Henry Holt & Co., New York, NY, 1950, p.125.

17.http://www.larousse.fr/encyclopedie/nom-commun-nom/gravitation/56470

18. Jim MARRS, *Secret Societies that Threaten to Take Over America Rise of 4th Reich*, p.50.

19. *PROJECT WINTERHAVEN - A PROPOSAL FOR JOINT SERVICES RESEARCH AND DEVELOPMENT CONTRACT - THE TOWNSEND BROWN FOUNDATION*, p.6-7.

20. Frank SCULLY, *Behind the flying saucer*, Popular library, Henry Holt & Co., New York, NY, 1950, p.111.

21.http://www.magiccalc.net/scienceandmysteries/index.htm

22. Jim MARRS, *Secret Societies that Threaten to Take Over America Rise of 4th Reich*, p.50.

23. Wilbert SMITH, Rapport intérimaire Projet *Magnet*, ministère des Transports, boîte # 1126.2, Fonds Arthur Bray #X30-3, Archives et collections spéciales, Université d'Ottawa, 1952.

24. http://ankaweb.fzk.de/website.php?page=science_condensed&id=7

25. http://fr.wikipedia.org/wiki/Champs_magn%C3%A9tiques

26. Yvette PODKHLEBNIK Notes de cours, Environnement abiotique, chapitre 5.1, UQAM, 2011.

27. Laboratoire de physique des plasmas, http://www.lpp.fr/?Notre-recherche-en-quelques-mots (4 sur 11) [2011-02-22 09:38:33]

28. Wilbert SMITH Correspondance à Mr. Manning, , boîte # 1126.2, Fonds Arthur Bray #X30-3, Archives et collections spéciales, Université d'Ottawa,20 octobre 1954.

29. Wilbert SMITH, *'Sputniks, Saucers and Spacecraft'*, *a paper delivered to the Illuminating Engineering Society Canada Regional Conference at a luncheon in Ottawa*, June 11, 1959.

30. Wilbert SMITH, *Project Magnet Report*, boîte # 1126.2, Fonds Arthur Bray #X30-3, Archives et collections spéciales, Université d'Ottawa, 18 janvier 1952, p.1.
31. Ibid.

32. Wilbert SMITH, *Conclusions Project Magnet*, March 1952, boîte # 1126.2, Fonds Arthur Bray #X30-3, Archives et collections spéciales, Université d'Ottawa.

Chapitre 3.

1. *Testimony* of Master Sergeant Dan MORRIS, US Air Force, (Retired)/NRO Operative, September 2000, p.361.

2. Fonds Arthur Bray #X30-3, Archives et collections spéciales, Université d'Ottawa. Boîte #1126.3, Lettre de M. Fitch à Wilbert Smith, 31 août 1961.

3. CAMERON, Grant, *A crashed saucer and the ultimate alien encounter in* Project magnet by Timothy Green Beckley, p.22, 2017.

4. Entrevue avec Wilbert B. Smith, CJOH TV, Émission sur les soucoupes volantes, boîte # 1126.2, Fonds Arthur Bray #X30-3, Archives et collections spéciales, Université d'Ottawa, 1960, p.3.

5. Wilbert SMITH , *Project Magnet Report*, , boîte #1126.2, Fonds Arthur Bray #X30-3, Archives et collections spéciales, Université d'Ottawa, sans date, p. 9.

Références Bibliographiques

6. Wilbert SMITH, *Project Magnet Report*, boîte # 1126.2, Fonds Arthur Bray #X30-3, Archives et collections spéciales, Université d'Ottawa, 1952, p.12.

7. Wilbert SMITH, *Project Magnet Thinking as of July 1952*, boîte # 1126.2, Fonds Arthur Bray #X30-3, Archives et collections spéciales, Université d'Ottawa,1952, p.1.

8. Wilbert SMITH, *Project Magnet Report*, Fonds Arthur Bray #X30-3, Archives et collections spéciales, Université d'Ottawa sans date, boîte #1126.2, p. 3

9. Grant CAMERON,http://www.presidentialufo.com/old_site/smith1.htm

10. http://www.collectionscanada.gc.ca/ovni/002029-1801-f.html 2011-Le projet Second Story de 1952 - Le phénomène des ovnis au Canada.

11. WILSON, W. J., *Memorandum–project 'magnet'*, September 15, 1969, library and Archives Canada, DRB.

11. Minutes du projet *second story,* 22 avril 1952, p.1
http://www.collectionscanada.gc.ca/ovni/002029-1801-f.html 2011-01-12

12. Edward U. CONDON, *Scientific Study of Unidentified Flying Objects Conducted by the University of Colorado under Contract No.4420-67-C-0035With the United -States Air Force*, , October 31, 1968, p.547.

13.https://www.archives.gov/research/military/air-force/ufos#usafac

14.Gerald FORD, *press release*, 28 March, 1966.
https://www.google.com/search?q=gerald+ford+1966&rlz=1C1CHBF_en
CA944CA944&oq=gerald+ford+1966&aqs=chrome..69i57j33i160.9757j0j
15&sourceid=chrome&ie=UTF-8

15. Minutes du projet *second story*, Le projet *Second Story* de 1952 -Le phénomène des ovnis au Canada, 22 avril 1952, p.1.
http://www.collectionscanada.gc.ca/ovni/002029-1801-f.html 2011-01-12

16. Ibid.

17. Minutes de la première réunion du comité *Second story*, Bibliothèque et Archives Canada, 22 avril1952, p.2.
http://www.collectionscanada.gc.ca/ovni/002029-1801.01-f.html
2011-01-12 Le projet *Second Story* de 1952 - Le phénomène des ovnis au Canada.

18. *Memorandum for the Secretary of the joint intelligence Committee*, (flying saucers) August 4, 1950, Department of national defence, RG 24, vol. 17984, Dossier HQ-940-5, part 1, Public Archives Canada.

19. Arthur BRAY, *The UFO Connection*, Jupiter Publishing, 1979.

20. Minutes du projet *Second story*, 24 avril 1952, p.3. 002029-1801.02-f Le projet *Second Story* de 1952 – 26 avril 1952 - Le phénomène des ovnis au Canada
http://www.collectionscanada.gc.ca/ovni/002029-1801.01-f.html
2011-01-12

21. Wilbert SMITH, *Project Magnet Thinking as of July 1952*, boîte # 1126.2, Fonds Arthur Bray #X30-3, Archives et collections spéciales, Université d'Ottawa, 1952, p.1.

22. *Project Magnet Report*, Sans date, Bibliothèque et archives Canada, #5-10-325, p.3. www.bac-lac.gc.ca/eng/unusual/ufo/documents/magnet-report.pdf

Chapitre 4

1. Wilbert SMITH, *Project Magnet report*, Appendix''B'' Bibliothèque et Archives Canada, www.bac-lac.gc.ca/eng/unusual/ufo/documents/magnet-report.pdf

2. Richard JACKSON Article du *The Journal*, 11 novembre 1953.
https://ottawacitizen.com/news/local-news/u-is-for-ufos-in-ottawa-the-truth-is-still-out-there

3. John C. ROSS, *Fate magazine*, 1954, *in project magnet by* Timothy GREEN BECKLEY, 2017, p.29.

4. http://www.presidentialufo.com/old_site/flying_saucer_observatory.htm

5. John C. ROSS, *Fate magazine*, 1954, *in project magnet by* Timothy GREEN BECKLEY, 2017, p.29.

6. http://www.presidentialufo.com/old_site/flying_saucer_observatory.htm

7. *Canadian UFO Report*, Vol.3, No.6, p.23.

8. Wilbert SMITH, Lettre à Mr. Gesner, fonds Arthur Bray #X30-3,boîte# 1126.2, Archives et collections spéciales, Université d'Ottawa,21 octobre 1954.

9. C.P. EDWARDS, Lettre du contrôleur des télécommunications, 10 août 1954, boîte # 1126.2, Fonds Arthur Bray #X30-3, Archives et collections spéciales, Université d'Ottawa.

10. Ibid.

11. Wilbert SMITH, Correspondance à Mr. Myer, boîte # 1126.2, Fonds Arthur Bray #X30-3, Archives et collections spéciales, Université d'Ottawa, 20 octobre 1954.

12. Gregory KANNON,"Spoutniks, soucoupes et vaisseaux spatiaux", W.B. Smith, - un article présenté à l'Illuminating Engineering Society, Canada Regional Conference, lors d'un déjeuner à Ottawa, le 11 juin 1959

13. W. SMITH, Correspondance à Georges xxxxxx, 12 juin 1955, boîte # 1126.3, Fonds Arthur Bray #X30-3, Archives et collections spéciales, Université d'Ottawa.

14. Ibid.

15. Figure 24. Mémo du contrôleur des communications sur les soucoupes volantes, 14 décembre 1954, boîte # 1126.2, Fonds Arthur Bray #X30-3, Archives et collections spéciales, Université d'Ottawa.

16. Wilbert SMITH Correspondance à Donald Keyhoe, 11 décembre 1955, boîte # 1126.3, Fonds Arthur Bray #X30-3, Archives et collections spéciales, Université d'Ottawa.

Chapitre 5

1. *Letter of squadron leader for the Chief of the air staff*, RCAF, J.C. Lovelace to J.W. McGovern, 21 November, 1957, boîte # 1126.3, Fonds Arthur Bray #X30-3, Archives et collections spéciales, Université d'Ottawa.

2. Entrevue avec Wilbert B. Smith, CJOH TV, Émission sur les soucoupes volantes, 1960, page 3, boîte # 1126.2, Fonds Arthur Bray #X30-3, Archives et collections spéciales, Université d'Ottawa.

3. .Wilbert SMITH, correspondance à M. Popovitch, 29 novembre 1958, boîte # 1126.3, Fonds Arthur Bray #X30-3, Archives et collections spéciales, Université d'Ottawa.

4. Caricature de John Diefenbaker dans un journal d'Ottawa daté d'avril 1961. https://ottawacitizen.com/news/local-news/u-is-for-ufos-in-ottawa-the-truth-is-still-out-there

5. Wilbert SMITH, *the battle for man's mind in, Project magnet, the lights in the sky are not stars,* by Timothy Green Beckley, 2017, p.56

6. Réponse de Wilbert SMITH, à M. Fitch, pp. 1 et 2, 1961, boîte # 1126.3, Fonds Arthur Bray #X30-3, Archives et collections spéciales, Université d'Ottawa.

7. Réponse de Wilbert SMITH, à Bill, Fonds Arthur Bray #X30-3, Archives et collections spéciales, Université d'Ottawa, boîte # 1126.3, 5 août 1959, p. 1.

8. Wilbert SMITH, correspondance à Mr Popovitch, 29 novembre 1958, boîte # 1126.3, Fonds Arthur Bray #X30-3, Archives et collections spéciales, Université d'Ottawa.

9. Ibid.

10. Testimony of Mr. Don PHILLIPS, Lockheed Skunkworks, Disclosure Project, US Air Force and CIA Contractor,December 2000, p. 379.

11. *Testimony* of Henry MCELROY Jr., May 8, 2010.

Chapitre 6.

1. Wilbert SMITH, Correspondance à M. Innes, 25 mai 1955, boîte # 1126.4, Fonds Arthur Bray #X30-3, Archives et collections spéciales, Université d'Ottawa.

2. Wilbert SMITH, Correspondance à M. Cheatle, 10 juin 1957, boîte # 1126.3, Fonds Arthur Bray #X30-3, Archives et collections spéciales, Université d'Ottawa.

3. Wilbert SMITH, Correspondance à Georges, 12 juin 1955, boîte # 1126.3, Fonds Arthur Bray #X30-3, Archives et collections spéciales, Université d'Ottawa.

4. Wilbert SMITH, *the cosmic police force in, Project magnet, the lights in the sky are not stars,* by Timothy Green Beckley, 2017, p.70.

5. Ibid., p.71.

6. Ibid., p.72.

7. Wilbert SMITH, *the philosophy of the saucers in, Project magnet, the lights in the sky are not stars,* by Timothy Green Beckley, 2017, p.55.

8. Wilbert SMITH, Correspondance à Mr. Fry, 24 janvier 1956, boîte # 1126.3, Fonds Arthur Bray #X30-3, Archives et collections spéciales, Université d'Ottawa.

9. Wilbert SMITH, *the philosophy of the saucers in, Project magnet, the lights in the sky are not stars,* by Timothy Green Beckley, 2017, pp.53-55.

10. Lettre de Wilbert Smith à Mr. Gesner, *in the Canadian government ufo history by* grant CAMERON, p.46

11.Wilbert SMITH à M. Cheatle, 10 juin, 1957, fonds Arthur Bray, Bibliothèque et collections spéciales université d'Ottawa, boite #1126.3.

Chapitre 7

1. p.2 d'un mémo du DND au Conseil national de recherches. Bibliothèque et Archives Canada, RG 24, acquisition 83-84/167, boîte 7523, dossier DRBS, 3800-10-1, Sans date.
2. Gregory M. KANNON, *UFOs and the Canadian Government part one*, *in Canadian UFO report*, Vol. 3, No 6, , boîte # 1130.18, Fonds Arthur Bray #X30-3, Archives et collections spéciales, Université d'Ottawa. 1975, p.21.

3. UFO Report, Falcon Lake, Man., Defence Research Board, Bibliothèque et Archives Canada.

4. *UFO report*, Lower Wood Harbour, N.S., Bibliothèque et Archives Canada, RG 24, acquisition 83-84/167, boîte 7523, dossier DRBS 3800-10-1, partie 1.

5. Gregory M. KANNON, *UFOs and the Canadian Government part two*, *in Canadian UFO report* vol. 3, no. 7, , boîte # 1130.18, Fonds Arthur Bray #X30-3, Archives et collections spéciales, Université d'Ottawa. 1976, p.17.

6. Ibid.

7.Peter MILLMAN, lettre officielle du Conseil national de recherches, Bibliothèque et Archives Canada, Conseil national de recherches, 9 mai 1968.

Épilogue (l'empire technologique du complexe militaro-industriel)

1. Michael H. GORN, *Hugh L. Dryden's Career in Aviation and Space*, NASA History Office, Washington D.C., 1996.

2. From Huffman Prairie to the Moon, The History of Wright-Patterson Air force Base, Illinois. http://contrails.iit.edu/history/Huffman/H-part05.pdf

3. Nature of survey fragment, 1955.
http://majesticdocuments.com/pdf/natureofsurveyfragment.pdf

4. Lt. Gen. Nathan F. TWINING, *Air Accident Report on Flying Disc aircraft the crashed near White Sands Proving Ground New Mexico*, Air Material Command, Wright Field Ohio, 15 July 1947.

5. *Unidentified Flying Objects, The CIA, and Congress*, Essay by Source S-1, S/D. http://majesticdocuments.com/pdf/ufos-cia-congress-s1-00.pdf

6. *Bird of Happiness Third Reich*, Encyclopedia of safety.
http://survincity.com/2011/07/bird-of-happiness-third-reich/

À PROPOS DE L'AUTEUR

Ufologue et enquêteur de terrain chevronné, Marc St-Germain a acquis une solide réputation au sein de la communauté ufologique internationale. Son implication et son dévouement comme enquêteur de terrain du MUFON ont fait qu'il a rapidement gravi les échelons de cet organisme international. Après seulement un an comme enquêteur de terrain, Marc St-Germain a été promu au titre de directeur provincial du MUFON Québec, (poste qu'il a occupé de 2015 à 2019). Il a ensuite été à la tête du MUFON Canada à titre de directeur national (de 2019 à 2020).Malgré sa démission en 2020 de la direction du MUFON Canada, Marc St-Germain est toujours actif dans le domaine de l'ufologie. Il a conservé son statut d'enquêteur de terrain du MUFON et continue de travailler sur de nouveaux projets dans le but de partager l'information qu'il a obtenue de ses recherches et enquêtes de terrain.

9 782981 074935